從零開始徹底學習！

# Illustrator
## 超完美入門

CC 適用
Windows & Mac 適用

高野雅弘 著

暢銷
第 **2** 版

**本書使用的版本**

## Illustrator CC 2021

本書內容是依「Illustrator CC 2021」版本編寫，適用 CC 所有版本，但面板及選單的項目名稱、配置位置等可能因 Illustrator 的版本而有些許出入。

### 下載範例檔案

以下網址可以下載本書範例檔案。

網址 http://books.gotop.com.tw/download/ACU083200

裝幀 ................................................ 新井大輔
封面照片 ........................................ 川內章弘
內文設計、排版 ............................ Kunimedia ( 股 ) 公司
編輯 ................................................ 岡本晉吾

Illustrator SHIKKARI NYUMON ZOHO KAITEI DAI 2 HAN【 CC KANZEN TAIO 】[Mac & WindowsTAIO]

Copyright © 2018 Masahiro Takano

Original Japanese edition published in 2018 by SB Creative Corp.

Chinese translation rights in complex characters arranged with SB Creative Corp.,

through Japan UNI Agency, Inc., Tokyo

# 序

Illustrator 並不是個困難的軟體。
每個人都一定能夠學會、能夠自在地應用。
我誠心期盼本書能讓大家了解這點。
那麼，愉快的設計課程，由此開始！


本書是以初次接觸、操作 Adobe Illustrator（Adobe 公司的繪圖軟體）來進行設計製作的人為目標讀者。其中除了在設計公司上班的人外，也可能有設計科系的學生或是公關、宣傳部門的人。為了讓各種讀者都能夠讀懂，本書詳盡、仔細地解說，完全不使用任何專業術語。

Illustrator 是用來製作插畫及印刷品設計、網頁圖像等的軟體。你可運用 Illustrator 做出自己所想像的各種圖像。從具數學規律的幾何圖案，到用筆自由描繪的圖畫，Illustrator 的表現範圍隨著使用者不同，要有多寬廣就能有多寬廣。

不過在另一方面，由於 Illustrator 的功能眾多、變化多端，一開始往往很難照著自己所想的順利製作出圖像。故針對此問題，本書將 Illustrator 的用法從基礎中的基礎、基本中的基本開始逐一仔細解說。請各位務必從第 1 章開始依序閱讀。雖然無法讓你在短時間內畫出高難度的圖像，但肯定能讓你一天一天確實感受到自己的實力日漸提升。請一定要一邊閱讀，一邊親手操作才好。

另外，為了讓各位能夠隨書實作，本書還提供了範例檔讓各位下載。範例檔包含了影像、圖案及各種設定值。有些功能只看說明文字可能不容易理解，但透過這些範例檔的運用，你便能夠徹底學會，而這樣的實際動手操作，或許能夠激發出更進一步的設計創作也說不定。因此請務必多加利用。

若本書能在創作新圖像的過程中助各位一臂之力，本人深感榮幸。


高野雅弘

Illustrator

**Contents**

# Lesson 1  Illustrator 的基礎知識

用 5 分鐘學會 Illustrator 的基本概要　　　　　　　　　　　　　　9

# Lesson 2  Illustrator 操作入門

一開始就該記住的基本操作　　　　　　　　　　　　　　　　27

# Lesson 3  基本圖形的繪製方法與變形操作

首先從基本圖形的畫法開始學起！　　　　　　　　　　　　　47

## Lesson 4　路徑的描繪與編輯

## Lesson 5　物件的編輯與圖層的基礎知識

## Lesson 6　顏色與漸層的設定

## Lesson 10　綜合練習

從做中學，讓你實際動手的設計製作訓練　　**205**

## Lesson 11　環境設定與檔案輸出

可提升操作便利性及作業效率的環境設定和檔案輸出　　**221**

# Lesson · 1

Basic Knowledge of Illustrator.

# Illustrator 的基礎知識

用 5 分鐘學會 Illustrator 的基本概要

本章要簡單介紹繪圖軟體 Illustrator 的整
個操作介面及基礎概要。以前從未接觸過
Illustrator 的人，以及想了解平面設計基
礎知識的讀者們，都請務必一讀。

## Lesson 1-1　Illustrator 是什麼？

一開始要簡單介紹 Illustrator 的概要及特色、運用情境等。具體的使用方法會於之後解說,所以就讓我們先來確實了解一下 Illustrator 的各項特色。

### Illustrator 是個平面設計軟體

Illustrator 是由 Adobe Systems 公司所開發、販售,是**專門用來做平面設計的軟體。**

其運用範圍很廣,以最主要的「插畫描繪」和「平面設計」為首,Illustrator 可應用於如下各方面:

▶ 插畫的描繪與編修
▶ 平面設計
▶ 各種商業印刷品的製作
▶ 網頁設計
▶ 包裝設計
▶ DTP 桌面排版
▶ CI 及 Logo 標誌、圖示等的製作

Illustrator 具有建立剪裁標記,以及色彩模式設定、字體外框化等所有商業印刷之檔案製作所需的功能,因此被廣泛應用在商業印刷相關的各種實務製作上。

此外符號標誌及圖示、企業 CI、logo 標誌、logo 文字等多半是以單純的圖形(圓形、長方形等)或幾何圖案、平滑的曲線所組合、結構而成,而這些形狀的描繪與合成,也正是 Illustrator 的強項。

### 廣大的運用範圍

Illustrator 可設定的項目種類相當多又詳細,因此從自印自用的簡易傳單到貼在飛機上的大型機身廣告、講究精準度的精緻圖像等,各種類型、規模、品質的圖檔都能製作。這點亦是 Illustrator 廣為大家使用的理由之一。

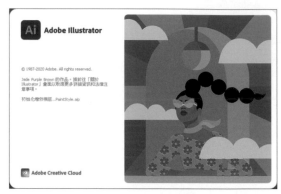

Illustrator 是由 Adobe Systems 公司所開發、販售的平面設計軟體。也被稱作是「繪圖類軟體」。

Illustrator 具備了製作商業印刷用檔案所需的各種功能。上圖是在圖像周圍加上表示裁切位置的「剪裁標記」後的樣子。

只要利用 Illustrator,即使是乍看很難描繪的圖像,也能透過簡單的操作組合迅速完成。

### 不限專業使用

Illustrator 以往主要多為設計師及插畫家、藝術指導等專業人士所使用，但近來除了這些人外，很多工程師及學生、一般商務人士等也都有使用。

例如，Illustrator 具備豐富的圖表製作功能，只要利用此功能，你便能建立出具圖形訴求力、清楚易懂的圖形或圖表。若輸出成 PNG 或 JPG 格式的圖檔，還能貼入微軟的 PowerPoint 或 Excel 等其他的商業軟體中。Illustrator 其實就是「**在空白畫布上畫圖的軟體**」。故可說是一種依創意、用法不同，可靈活應用於各種情境、具極高通用性的軟體。

### 直覺式的拖曳操作與細緻的數值設定

看到以 Illustrator 繪製的優秀圖像，很多人可能會覺得這根本不是一般人畫得出來的。但其實沒這回事兒。Illustrator 多半是以「**分別描繪各部分，再將各部分重疊、組合起來**」的方式建立插畫或圖稿，這點請務必牢記。相關細節本書稍後會再詳述，不過基本上 Illustrator 不是從零開始畫圖，「**可用哪些東西組合而成**」才是充分運用 Illustrator 的必要觀念。

在 Illustrator 中進行插畫的描繪及變形、配置、上色等操作時，都有以下兩種方法可選：

▶ **直覺的拖曳操作方式**
▶ **精準的指定數值方式**

哪種方法較合適會依作業內容及圖像的使用目的不同而有異，不可一概而論。不過這是 Illustrator 的主要特色之一，請好好記住。至於具體的操作方法，本書之後會再詳細介紹。

藉由組合圓形及長方形等單純圖形的方式，便能製作出各式各樣的符號標誌或圖示。

運用 Illustrator 的圖表功能，便能詳細指定字體和顏色等細節，故可做出符合目的之圖形或圖表。

使用 Illustrator 時，是以分別描繪各部分，再將各部分重疊組合起來的方式製作插畫或圖稿。

圖像的描繪、變形，可透過拖曳操作（左圖）或於對話視窗設定數值（右圖）的方式進行。請把兩種操作方法都學會，以便隨狀況臨機應變。

### 向量圖與點陣圖

Illustrator 只能夠直接處理「**數位圖像**」，手繪插圖一旦被讀入 Illustrator，該圖像就已被數位化。

所謂的數位圖像，就是以二進位數（0 和 1）表示的二次元（平面）圖像。由於整張圖像都是以數值表示，因此能夠簡單又精準地進行複製、加工。

而數位圖像又可大致分為向量圖和點陣圖兩種，**Illustrator 處理的主要是其中的向量圖**（也有一部分是在處理點陣圖）。

### 向量圖

向量圖是由點（錨點）和線（線段）所構成的「路徑」來表現的圖像。向量圖中不存在像素的概念，每次顯示時都會重新計算座標值再描繪出來。因此不論怎麼放大、縮小，都不會損壞圖像品質，而且放大時仍能保持邊緣平滑。不過另一方面，向量圖無法呈現出如照片影像那麼複雜的色彩階調及細緻的漸層變化，它主要用於以各種尺寸運用的 logo 標誌或插圖等。向量圖的主要檔案格式包括了「ai」、「svg」、「eps」、「emf」、「wmf」…等等。

### 點陣圖

所謂的點陣圖，是由配置成格子狀的眾多**像素**所構成的圖像。一個像素只會呈現出一種顏色。而這種圖像一旦放大，便可看見一個一個的像素。

由於點陣圖能夠有效率地顯示出顏色的深淺及色彩階調的細緻漸層，所以數位相機所拍攝的照片、掃描器所讀入的插畫等各種領域，都是採用點陣圖。和 Illustrator 一樣由 Adobe 公司開發的影像編輯軟體「Photoshop」，其處理對象基本上就是點陣圖。

點陣圖的主要檔案格式包括了「jpg」、「png」、「tiff」、「gif」、「bmp」…等等。

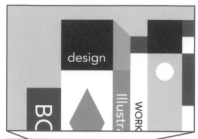

向量圖的例子。向量圖是以路徑來表現圖像，由於每次顯示狀況有所改變，都會重新計算線條及顏色並再次描繪，故即使變更圖的形狀或是放大很多，依舊能維持平滑的外觀。

點陣圖的例子。點陣圖是由無數多像素的集合來表現的圖像。因此即使是看起來很美的照片，一旦將局部放大到很大，便會像上圖那樣出現一個一個的像素顆粒。

## Illustrator 的工作區

在具體解說 Illustrator 的使用方法之前，在此要先介紹一下其工作區的構成元素。請好好記住各部分的名稱，因為下一節起就要用這些名稱來進行說明。Illustrator 的工作區可大致分為如下表所列的 6 個部分：

● Illustrator 工作區的構成元素

| 名稱 | 簡介 |
|---|---|
| 選單列 | 包含新增及儲存檔案等基本操作，還有針對文件視窗中圖稿的各種處理命令。 |
| 工具列 | 包含 Illustrator 所提供的各種工具（➡ p.14） |
| 面板<br>（面板槽） | 為了加工、編輯、管理所製作之圖稿而整合了各種功能的部分。相關性高的功能都被整合在同一面板中（➡ p.18），而各面板不僅可切換顯示、隱藏，還能夠圖示化（在面板槽裡）。 |
| 文件視窗 | 顯示製作中圖稿的區域。而同時開啟多份文件時，可點按視窗上端的「文件索引標籤」來切換。另外還可在一個文件視窗中設定多個工作區域。 |
| 狀態列 | 可在此確認文件視窗的顯示比例，以及目前正在編輯的工作區域。 |
| 工作區域 | 製作、編排圖稿的區域。而在列印及檔案輸出等時候，會成為輸出範圍。 |

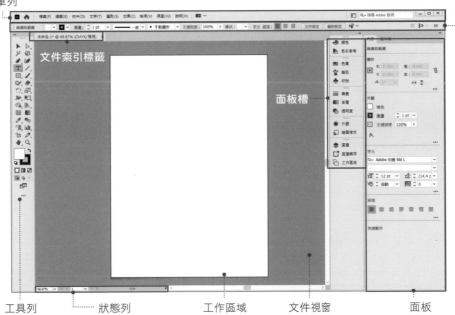

控制列（切換至如「傳統基本功能」等工作區時才會顯示）

選單列

文件索引標籤

面板槽

工具列　　　狀態列　　　工作區域　　　文件視窗　　　面板

---

**實用的延伸知識！** ▶ **Illustrator 並不難！**

Illustrator 是個功能很強的軟體，因此初次見到其畫面的人可能會覺得「看起來好難」。不過請放心，實際嘗試操作後，你便會發現其操作方法非常簡單，再加上 Illustrator 這套軟體本身已十分成熟、進步，所以只要學會了基本的操作方法，馬上就能夠使用。雖說一開始可能會因為還沒抓到「操作的關鍵訣竅」而無法操作得很順利，但只要一邊閱讀本書一邊持續練習，想必很快就會習慣。

## 1-2 工具列的基本操作

在 Illustrator 中進行的作業很多都是以「工具列」為起點，因此先學會基本操作方法是很重要的。

### 工具的種類

Illustrator 提供**約 80 種**的工具（數量依版本不同會有若干差異），而所有工具都被收納於工具列中。請實際啟動 Illustrator 來看看有哪些工具。

此外，雖然 80 種工具乍聽之下感覺非常多，但其中有不少工具的用法相當類似，也有一些工具很少用到，所以需要記住的其實沒那麼多。

### 工具列的結構

工具列依「**工具的用途**」分成 6 區，首先就要來了解一下這 6 大分類。

❶ 選取類工具
❷ 描繪、上色、文字類工具
❸ 縮放等變形類工具
❹ 漸層類工具
❺ 符號、圖表類工具
❻ 畫面顯示類工具

有一些工具圖示的右下角帶有 ◢ 標誌❼，只要**長按**這種工具圖示，便能切換至同群組的其他工具。Illustrator 就是利用這種機制，在一次只能顯示 28 種工具的工具列中管理多達約 80 種的工具。

### 工具列的顯示切換

點按工具列最上端的 ▸▸ 鈕，就能將該面板的顯示方式從一欄切換成兩欄❽。同樣地，點按 ◂◂ 鈕，則能從兩欄切換為一欄。

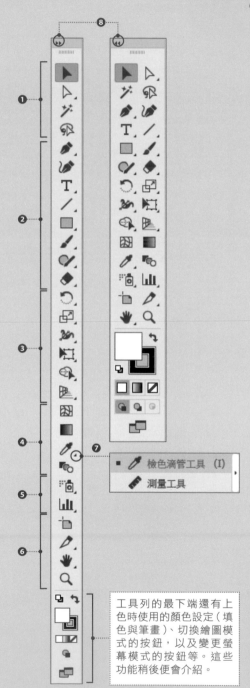

工具列的最下端還有上色時使用的顏色設定（填色與筆畫）、切換繪圖模式的按鈕，以及變更螢幕模式的按鈕等。這些功能稍後便會介紹。

# ☑ 工具一覽

在此要簡單介紹 Illustrator 所提供的各種工具。不過在這個階段你還不必記住所有工具的名稱和功能，只要大略瀏覽，了解一下有哪些工具即可，之後在進行各種作業的過程中，可依需要再回頭翻閱本頁。

● 選取類工具

| | 圖示 | 工具名稱 | 簡介 | 快速鍵 |
|---|---|---|---|---|
| 1 | ▶ | 選取工具 | 選取整個物件 | V |
| 2 | ▷ | 直接選取工具 | 選取物件的錨點或線段 | A |
| | ▷ | 群組選取工具 | 選取群組內的物件或群組 | 無 |
| 3 | ✦ | 魔術棒工具 | 選取具有共通屬性的物件 | Y |
| 4 | ◉ | 套索工具 | 選取物件的錨點或線段 | Q |

● 描繪、上色、文字類工具ル

| | 圖示 | 工具名稱 | 簡介 | 快速鍵 |
|---|---|---|---|---|
| 5 | ✎ | 鋼筆工具 | 描繪直線或曲線來建立物件 | P |
| | ✎⁺ | 增加錨點工具 | 在路徑的線段上增加錨點 | shift + + |
| | ✎⁻ | 刪除錨點工具 | 在路徑的線段上刪除錨點 | 無 |
| | ⌐ | 錨點工具 | 可交替切換平滑錨點與尖角錨點，還能變形路徑線段。 | shift + C |
| 6 | ✑ | 曲線工具 | 能以直覺的操作方式畫出平滑曲線；支援觸控裝置 | 無 |
| 7 | T | 文字工具 | 用來建立點狀文字，或是建立文字區域後輸入及編輯文字。 | T |
| | ▥ | 區域文字工具 | 將路徑轉換成文字區域，然後在該區域內輸入文字，或是編輯其中的文字。 | 無 |
| | ↖ | 路徑文字工具 | 將路徑轉換成輸入文字用的路徑，以便沿著路徑輸入、編輯文字。 | 無 |
| | ↕T | 垂直文字工具 | 建立直書式的點狀文字或文字區域，以及編輯直書文字。 | 無 |
| | ▥ | 垂直區域文字工具 | 將路徑轉換成直書用的文字區域，然後在該區域內輸入直書文字，或是編輯其中的文字。 | 無 |
| | ↖ | 直式路徑文字工具 | 將路徑轉換成輸入直書文字用的路徑，以便沿著路徑輸入、編輯直書文字。 | 無 |
| | ⊞ | 觸控文字工具 | 能以直覺的操作方式，讓文字維持在行內的狀態下變形。支援觸控裝置。 | shift + T |
| 8 | ╱ | 線段區段工具 | 描繪直線線段 | \ |
| | ⌒ | 弧形工具 | 描繪曲線線段 | 無 |
| | ◎ | 螺旋工具 | 描繪螺旋形的線段 | 無 |
| | ▦ | 矩形格線工具 | 描繪矩形的格線 | 無 |
| | ◉ | 放射網格工具 | 描繪同心圓形狀的格線 | 無 |

● 描繪、上色、文字類工具（接上頁）

| 圖示 | 工具名稱 | 簡介 | 快速鍵 |
|---|---|---|---|
| ▣ | 矩形工具 | 描繪正方形及長方形的物件 | M |
| ▣ | 圓角矩形工具 | 描繪圓角的正方形或長方形物件 | 無 |
| ◉ | 橢圓形工具 | 描繪圓形或橢圓形的物件 | L |
| ◉ | 多邊形工具 | 描繪正多邊形的物件 | 無 |
| ★ | 星形工具 | 描繪各種形狀的星形物件 | 無 |
| ◉ | 反光工具 | 描繪鏡頭反光效果 | 無 |
| ✎ | 繪圖筆刷工具 | 自由描繪線條，並將「沾水筆」、「散落」、「線條圖」、「圖樣」、「毛刷」等各種筆刷套用至路徑。 | B |
| ✎ | 點滴筆刷工具 | 所拖曳的軌跡會直接形成輪廓路徑，可畫出套用了「填色」的物件。 | shift + B |
| ✐ | Shaper 工具 | 大略描繪圖形，便能自動轉換成圓形、矩形、正多邊形等形狀。此外還能合成多個形狀。 | shift + N |
| ✎ | 鉛筆工具 | 可自由描繪線條，還可編輯該線條。 | N |
| ✎ | 平滑工具 | 使路徑變平滑 | 無 |
| ✎ | 路徑橡皮擦工具 | 刪除物件的路徑線段或錨點 | 無 |
| ✂ | 合併工具 | 以拖曳的方式連接兩個相交路徑的端點 | 無 |
| ◆ | 橡皮擦工具 | 刪除所拖曳經過的物件範圍 | shift + E |
| ✂ | 剪刀工具 | 於指定位置切斷路徑線段 | C |
| ✐ | 美工刀 | 切斷物件或路徑 | 無 |

● 縮放等變形類工具

| 圖示 | 工具名稱 | 簡介 | 快速鍵 |
|---|---|---|---|
| ↻ | 旋轉工具 | 以參考點為基準來旋轉物件 | R |
| ▷◁ | 鏡射工具 | 以參考點為基準來翻轉物件 | O |
| 🔲 | 縮放工具 | 以參考點為基準來縮放物件 | S |
| 🔲 | 傾斜工具 | 以參考點為基準來傾斜物件 | 無 |
| 🔲 | 改變外框工具 | 拖曳錨點，一邊維持路徑的整體形狀一邊伸縮變形 | 無 |
| 🔲 | 寬度工具 | 可用拖曳操作的方式，替物件的「筆畫」製造粗細變化。 | 無 |
| 🔲 | 彎曲工具 | 以拖曳的方式使物件像黏土般延展變形。而與此同系列的物件變形工具還有「扭轉」、「縮攏」、「膨脹」、「扇形化」、「結晶化」、「皺摺」等，共7種。 | shift + R |
| 🔲 | 操控彎曲工具 | 在圖稿上新增圖釘，然後以拖曳操作的方式進行無縫變形。 | 無 |
| 🔲 | 任意變形工具 | 為物件套用縮放、旋轉、扭曲等變形效果。支援觸控裝置。 | E |
| 🔲 | 形狀建立程式工具 | 對重疊的路徑進行合併、分割、擦除等合成處理。 | shift + M |
| 🔲 | 即時上色油漆桶 | 替即時上色群組的平面及輪廓線上色 | K |
| 🔲 | 即時上色選取工具 | 選取即時上色群組內的平面及輪廓線 | shift + L |
| 🔲 | 透視格點工具 | 建立具透視感的格點，然後在格點上描繪物件時，物件就會自動變形為具透視感的形狀。 | shift + P |
| 🔲 | 透視選取工具 | 選取在透視格點上的物件 | shift + V |

● 漸層類工具

| 圖示 | 工具名稱 | 簡介 | 快速鍵 |
|---|---|---|---|
| **19** 圖 | 網格工具 | 建立、編輯網格物件 | U |
| **20** ■ | 漸層工具 | 調整物件內漸層的起點、終點，以及角度。還可為物件套用漸層。 | G |
| **21** ✎ | 檢色滴管工具 | 抽取物件的顏色、文字、外觀等屬性，以套用至其他物件。 | I |
| | 測量工具 | 測量兩點之間的距離 | 無 |
| **22** 🐦 | 漸變工具 | 在多個物件之間，建立逐漸變化顏色與形狀的一系列漸變物件。 | W |

● 符號、圖表類及畫面顯示類工具

| 圖示 | 工具名稱 | 簡介 | 快速鍵 |
|---|---|---|---|
| **23** 符 | 符號噴灑器工具 | 在工作區域內配置一整組的符號實體。而與此同系列的符號處理工具還有「符號偏移器」、「符號壓縮器」、「符號縮放器」…等等，共 8 種。 | shift + S |
| **24** ᴵᴵᴵ | 長條圖工具 | 建立以垂直長條比較數值的圖表。而與此同系列的圖表建立工具還有「堆疊長條圖」、「折線圖」、「散佈圖」、「圓形圖」…等等，共 9 種。 | J |
| **25** 🗗 | 工作區域工具 | 建立、編輯工作區域 | shift + O |
| **26** ✎ | 切片工具 | 建立網頁用的切片 | shift + K |
| | 切片選取範圍工具 | 選取網頁用的切片 | 無 |
| **27** ✋ | 手形工具 | 拖曳移動文件視窗內的顯示範圍 | H |
| | 列印並排工具 | 調整頁面格線，設定工作區域上的列印範圍 | 無 |
| **28** 🔍 | 放大鏡工具 | 調整文件視窗的顯示比例 | Z |

● 其他功能

| 圖示 | 工具名稱 | 簡介 |
|---|---|---|
| 切換填色與筆畫 | 交換「填色」與「筆畫」的顏色 | shift + X |
| 預設填色與筆畫 | 將「填色」與「筆畫」的顏色恢復為預設值（「填色：白」與「筆畫：黑」）。 | D |
| 填色 | 顯示目前的「填色」顏色，雙按便可更改顏色。 | X |
| 筆畫 | 顯示目前的「筆畫」顏色，雙按便可更改顏色。 | X |
| 顏色 | 為套用了漸層、圖樣的物件，或是顏色被設定為「無」的「填色」或「筆畫」，套用最近一次選擇的單一顏色。 | < |
| 漸層 | 為目前所選物件套用最近一次選擇的漸層色 | > |
| 無 | 將「填色」或「筆畫」的顏色設為「無」 | \ |
| 切換繪圖模式 | 將繪圖模式切換為「一般繪製」、「繪製下層」或「繪製內側」其中之一。 | shift + D |
| 變更螢幕模式 | 切換螢幕顯示模式 | F |

# 1-3 面板／面板區的基本操作

Illustrator 的操作，都是以前述的工具列搭配各種面板來使用。故在此要為大家簡單介紹面板的基本操作方法，以及面板的種類。

## 面板的種類

Illustrator 提供了大約 **40 種的面板**（數量依版本不同會有若干差異）**❶**。

這些面板和前述的工具列不同，並非所有面板都常態性地顯示在工作區中。通常都是依個人操作需求，將要用的面板顯示出來，建構最適合自己的工作區配置。

## 面板的顯示／隱藏

當你要用的面板沒顯示出來時，就在「視窗」選單中選擇該面板的名稱即可**❷**。

而已顯示的面板，在其名稱左側會有個打勾符號**❸**。

你也可從「視窗」選單切換工具列和控制列的顯示、隱藏**❹**。

此外，面板有可能因為你按錯按鍵而意外被隱藏起來。按到 tab 鍵或 F 鍵時，可能會造成面板隱藏，這點請務必小心。

---

**Memo**

按 tab 鍵可暫時隱藏（不顯示）所有面板，而再按一次 tab 鍵則會恢復顯示。

---

**Memo**

F 鍵為工具列最下方的「變更螢幕模式」鈕的快速鍵**❺**。因此按下 F 鍵，就會切換螢幕顯示模式。當你發現顯示狀況意外改變時，請切換回「正常螢幕模式」。

---

**Memo**

「視窗」選單的最下端會列出目前所開啟的檔案清單**❻**，而目前位於最上層，也就是目前所選的文件索引標籤的檔名左方會顯示出打勾符號。

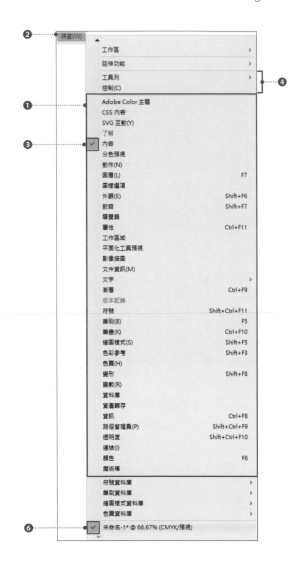

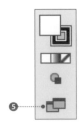

### ☑ 面板選單的顯示

幾乎所有面板都有「面板選單」，只要點按面板右上角的「面板選單」鈕，便可使之顯示出來❼。

面板選單的內容會隨面板不同而有差異。每個面板選單都包含了與該面板相關的各種詳細設定，以及各式各樣的相關功能。

### ☑ 面板下端的按鈕

有些面板下端配置了各種按鈕❽，這些按鈕的種類也會隨面板不同而有差異。各面板的具體操作方法本書稍後會再說明，在此只要記得面板下會有一些按鈕就行了。

### ☑ 圖示顯示與面板顯示的切換

面板有兩種顯示方式，一種是將圖示顯示在面板區中的「圖示顯示」，另一種則是一般的「面板顯示」。點按面板右上角的 ▸▸ 鈕，便可在這兩種顯示方式之間做切換❾。

採取圖示顯示可節省作業空間，採取面板顯示則有利於迅速操作面板。兩種顯示方式各有優缺點，請依作業需求分別運用。

### ☑ 面板的顯示

在圖示顯示的狀態下要叫出面板時，就點按圖示❿即可。而再按一次圖示便能關閉面板。

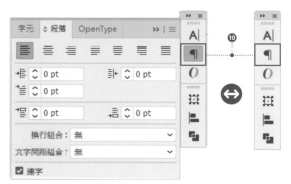

---

**實用的延伸知識！** ▶ **面板名稱的顯示**

按住圖示顯示狀態的面板側邊往外拖曳❶，便能讓各面板的名稱顯示出來。遇到光看圖示無法辨別面板種類的時候，這功能就很有用。

### ☑ 面板群組的切換

當多個面板群組在一起時，只要點按面板索引標籤，便能切換面板的重疊順序，讓所點選的面板顯示於最上層⓫。

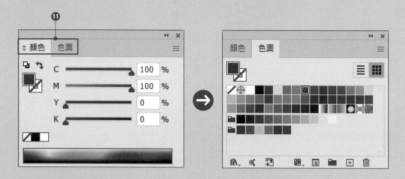

### ☑ 面板的浮動

想將面板群組中的某些面板分離出來時（使之單獨浮動），就按住面板索引標籤並拖曳至面板群組以外的地方即可⓬。

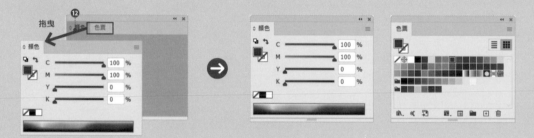

> **Memo**
> 若是想將單獨浮動的面板收回至原本的群組，或是想與其他面板合併（整合）為群組，只要把面板索引標籤拖曳至目標面板上，待該面板出現水藍色外框再鬆開滑鼠鈕就行了。

### ☑ 面板的顯示切換

雙按面板索引標籤⓭就能折疊（只顯示索引標籤的狀態）、展開該面板，可方便你暫時節省螢幕空間。另外，具有「面板選項」的面板，其索引標籤左側會有個 ◒ 圖示 ⓮，點按該圖示，便能切換面板選項的顯示、隱藏。

> **Memo**
> 面板選項的顯示／隱藏亦可透過面板選單進行。

# ▱ 面板一覽

在這裡要為各位簡單介紹 Illustrator 中使用頻率較高的一些主要面板。而在此階段你還不用記住各面板的名稱與功能,只要大略瀏覽,了解一下有哪些面板即可。

**控制列** 會依據目前使用中的工具,針對所選物件顯示出最合適的編輯選項。而點按其中具虛線底線的文字時,還會顯示出面板。在 Illustrator 增加「內容」面板之前,預設都會顯示此控制列。

**「圖層」面板**
用來顯示、編輯圖層的階層結構及設定。你可透過此面板的操作來切換物件的重疊順序及顯示/隱藏。

**「工作區域」面板**
可進行工作區域的新增、刪除,以及工作區域的選取、名稱管理等,亦即用於處理與工作區域有關的各種資訊管理和變更。

**「外觀」面板**
用來設定套用於物件或圖層等的「填色」、「筆畫」、「不透明度」、「效果」等外觀屬性。

**「內容」面板**
會依據使用中的工具或所選物件,顯示出最合適的編輯選項。也就是控制列的強化版。

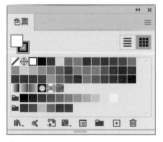

**「色票」面板**
可用來儲存及套用所建立的「顏色」、「漸層」、「圖樣」等色票。

**「資料庫」面板**
只要將顏色、筆刷、字元樣式、圖像等加入至資料庫,便能以共享資料庫的形式,於 Adobe Creative Cloud 的其他應用程式中使用。

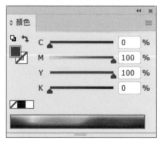

**「顏色」面板**
編輯顏色,並套用於物件的「填色」或「筆畫」。可切換「灰階」、「RGB」、「HSB」、「CMYK」等色彩模型。

**「漸層」面板**

進行漸層的套用、建立、變更等處理。可設定色彩豐富的漸層。

**「透明度」面板**

用來設定物件的不透明度及漸變模式，另還能建立不透明度遮色片。

**「筆畫」面板**

進行寬度、線條種類、尖角限度等與「筆畫」有關的設定。若將選項顯示出來，還可在線的末端設定箭頭。

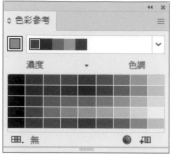

**「色彩參考」面板**

會顯示與現在的「填色」顏色或「筆畫」顏色配起來較協調的色彩。另外還可將此處的顏色群組儲存至「色票」面板。

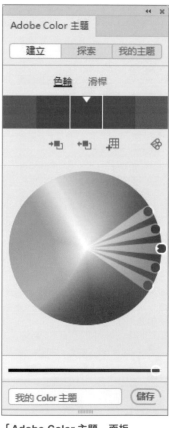

**「Adobe Color 主題」面板**

可於連線網路後，建立、公開、共享顏色主題。而顏色主題可新增至「色票」面板來加以利用。此外也可搜尋並新增公開於線上的顏色主題。

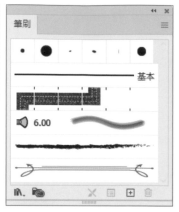

**「筆刷」面板**

會顯示文件中所包含的筆刷。可進行筆刷的建立及儲存處理。

**「符號」面板**

可進行符號的定義、編輯、配置等處理，用於管理文件內的符號。而符號還可轉存為 SWF 及 SVG 格式的檔案。

**「繪圖樣式」面板**

可將外觀屬性的組合儲存為繪圖樣式。而已儲存的繪圖樣式則可透過一指輕點的方式套用至物件。

**「變形」面板**

用來管理、設定所選物件的位置及大小。可設定矩形、多邊形、橢圓形等的屬性。此外還能設定各種變形選項，例如是否啟用「縮放筆畫和效果」、「縮放圓角」等功能。

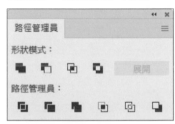

**「路徑管理員」面板**

針對多個物件進行聯集、減去上層、分割等各式各樣的合成處理。另外還能建立複合形狀。

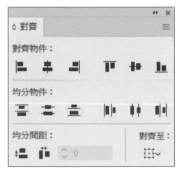

**「對齊」面板**

可對齊、均分所選取的物件。而在做這些處理時，還可指定以特定物件或工作區域為基準。

**「字元」面板**

進行文字物件的字體及大小、字距、行距等與文字有關的各種格式設定。

**「段落」面板**

進行文字物件的各行對齊及末行齊左、縮排、段落前後的間距等設定。

**「OpenType」面板**

用來設定 OpenType 字體的異體字。當所用的 OpenType 字體包含連字、花飾字等字形時，便可操作此面板來套用。

**「字元樣式」面板**

可建立、編輯、套用集合了各種文字格式屬性的「字元樣式」。

**「段落樣式」面板**

可建立、編輯、套用集合了文字格式與段落格式雙方屬性的「段落樣式」。

**「字符」面板**

可顯示及插入各字體的字符。另外也能顯示出異體字。

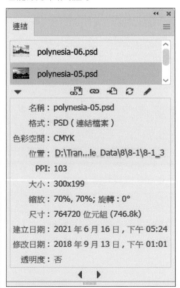

**「連結」面板**

顯示及管理連結與內嵌影像、圖稿等的資訊。

23

**「導覽器」面板**

會以紅色框線表示文件視窗目前的顯示範圍。

**「分色預視」面板**

藉由切換色彩的啟用與否，來確認分色輸出時會呈現什麼樣子。

**「平面化工具預視」面板**

會將符合特定平面化條件的圖稿區域標示出來。此外還可進行平面化選項的編輯與儲存處理。

**「資產轉存」面板**

可替以拖曳操作方式新增於此面板的圖稿指定大小及檔案格式後進行轉存。

**「變數」面板**

會顯示出用於資料驅動型圖像、包含在文件內的各變數種類及名稱。

**「動作」面板**

將一連串的操作記錄成「動作」，日後只要點按一次，便能快速執行其處理內容。另外也可編輯、刪除動作。

**「CSS 內容」面板**

可將文字樣式及套用於物件的背景色等設定，拷貝後貼入網頁編寫等軟體中，或是輸出成 CSS 檔。

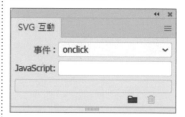

**「SVG 互動」面板**

為了顯示於瀏覽器而以 SVG 格式輸出圖稿時，可利用此面板加入互動效果。另外此面板也能顯示出已指定於目前文件內的事件及 JavaScript 檔。

**「屬性」面板**

可進行疊印、網頁用影像地圖、複合路徑的填色規則等與物件屬性有關的設定。

# 1-4 Illustrator 可使用的檔案格式

Illustrator 可處理數種檔案格式（儲存格式）。由於依情況不同，有時也可能需要存成除了 ai（Adobe Illustrator 格式）以外的檔案格式，故請務必要了解這裡所介紹的相關基本知識。

## 檔案格式（儲存格式）

Illustrator 的基本檔案格式就是與其軟體名稱同名的「ai」（Adobe Illustrator）格式。若無特殊理由，請都用 ai 檔來進行作業。另外 Illustrator 還支援其他幾種不同的檔案格式。請參考本頁下方表格的說明，依需要選擇合適的檔案格式來使用。

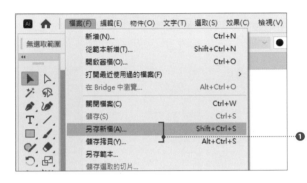

## 檔案格式的變更方法

在 Illustrator 中，檔案一旦儲存過，之後只要執行「檔案 > 儲存」命令，便能以前一次的條件覆寫儲存（→ p.30）。

若要改變所處理檔案的檔案格式，請執行「檔案 > 另存新檔」或「檔案 > 儲存拷貝」命令❶。

在彈出的對話視窗中，於「存檔類型」選單選擇要儲存的格式❷，再按「存檔」鈕即可❸。

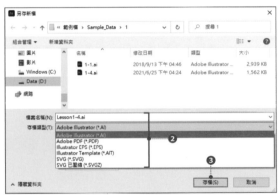

> **Memo**
> 將 Illustrator 檔的內容存成網頁用檔案（GIF、JPEG、PNG）的方法，將在 p.229 說明。而轉存以供其他應用程式使用的方法，則會在 p.226 說明。

> **Memo**
> 若執行「檔案 > 另存新檔」命令，那麼檔案儲存後，開啟在 Illustrator 中的會是**變更後**的檔案。
> 而若執行「檔案 > 儲存拷貝」命令，則檔案儲存後，開啟在 Illustrator 中的會是**變更前**的檔案。

### ● Illustrator 可使用的主要檔案格式

| 檔案格式 | 說明 |
| --- | --- |
| Adobe Illustrator（.ai） | 可保存 Illustrator 所有功能的 Illustrator 專用檔案格式。作業時基本上都該選擇這個格式。 |
| Illustrator EPS（.eps） | 可同時包含向量圖與點陣圖兩者的檔案格式。廣泛用於 DTP 桌面排版領域。 |
| Illustrator Template（.ait） | 將 Illustrator 檔做為範本保存的一種檔案格式。ait 檔是不能覆寫也不能重新編輯的。而你也可直接執行「檔案 > 另存範本」命令來儲存這種檔案格式。 |
| Adobe PDF（.pdf） | 是 PC 上一種已被廣泛應用的文件格式，由於具備跨平台、跨應用程式的特性，故在大部分的環境中都能使用。而 Mac 也已將之視為標準格式予以支援。 |
| SVG 已壓縮（.svgz）SVG（.svg） | 這兩個都是不論怎麼縮放也不會減損圖像品質的向量圖格式，故在針對智慧型手機、PC、高解析度螢幕等顯示尺寸不同的多種裝置之網站或 App 製作方面，備受矚目。 |

# 本書所採取的工作區配置

### 控制列與「內容」面板

控制列與「內容」面板是專門設計來顯示最適合目前作業且使用頻率高的功能，兩者都十分好用。

▶ **優點**
- 由於能從單一面板進行各種操作，故可節省工作區的空間。
- 會顯示出最適合目前作業的功能，因此很有效率。

▶ **缺點**
- 為達操作目的，有時可能需點按較多次。
- 必須先選取特定工具或物件後才會顯示。
- 有些操作無法只靠「內容」面板完成。

在本書中，基本上是以就操作而言最理想的面板及選單來進行說明。因此在控制列和「內容」面板方面，會依狀況將兩者搭配運用或分別使用以進行解說。

### 關於智慧型參考線的顯示

所謂的「智慧型參考線」，就是一種會在建立、編輯物件時顯示的參考線功能。此功能預設為啟用（➡ p.39）。而本書基於版面限制，在解說時一律停用智慧型參考線，不予顯示。

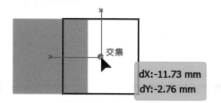

移動物件時會顯示出移動距離及輔助對齊用的參考線。

### 關於圖層顏色的變更

為了方便辨識，本書會依據不同範例，分別設定於選取物件時會顯示的邊框、邊界顏色。而其變更方法請參考（➡ p.112「變更圖層的名稱或顏色」）的說明。

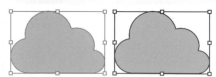

預設為「淺藍」，但本書改設為「黑色」。

# Lesson · 2

**The First Step of Illustrator.**

# Illustrator 操作入門

## 一開始就該記住的基本操作

在進行實際作業之前，本章要介紹的是一
些在任何作業都會用到的 Illustrator 基本
操作。這裡所介紹的操作步驟及功能，你
日後都會經常用到，故請務必徹底學會。

## Lesson 2-1 建立新文件

在此要詳細解說 Illustrator 建立新文件（檔案）的方法。要使用 Illustrator，你就必須了解如何新增文件。

### 📇 新文件的建立

使用 Illustrator 時，很多時候都是從建立新文件開始。雖說文件的設定內容之後仍可更改，不過一旦更改，有時可能會發生必須重做的問題，因此若規格已確定，一般建議最好在建立新文件時就把各個項目都妥善設定完成。當你一啟動 Illustrator，便會看到「建立新檔案」的提示畫面。

01　Illustrator 啟動後，會先顯示出「首頁」畫面，請點按左側的「新建」鈕❶以開啟「新增文件」對話視窗。

🟰 快 速 鍵 🟰
**新文件的建立**
Win：Ctrl + N　　Mac：⌘ + N

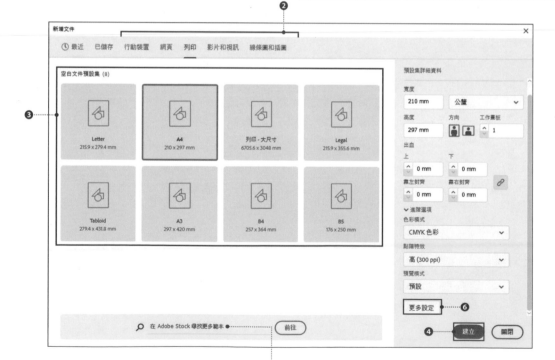

02　依用途點選上方的描述檔分類❷後，對應的文件預設集便會顯示出來❸，請點選所需尺寸。在此我們選擇「列印 > A4」，再按下「建立」鈕❹。

可於此輸入關鍵字，至 Adobe Stock 搜尋並下載更多範本來使用

**03** 這時文件視窗便會開啟。在畫面中央的白色部分是「工作區域」❺，而這就是印刷、輸出時的範圍。

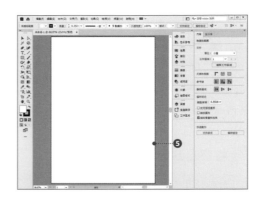

## 「更多設定」對話視窗

若按下前一頁「新增文件」對話視窗中的「更多設定」鈕❻，則能開啟「更多設定」對話視窗以進行更詳細的設定❼。在事先已確定文件規格的情況下，就可在此進行設定。

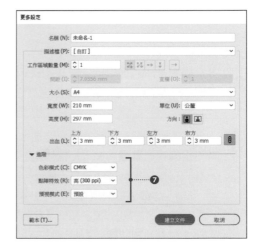

> **Memo**
> 若想跳過「新增文件」對話視窗，直接開啟「更多設定」對話視窗的話，可執行「編輯＞偏好設定＞一般」（Mac 為「Illustrator ＞偏好設定＞一般」）命令，勾選「使用舊版「新增檔案」介面」項目。這樣就會顯示與「更多設定」對話視窗同樣規格的「新增文件」對話視窗。

> **Memo**
> 描述檔提供了各式各樣事先調整好的設定值組合，只要點選任一個預設集，寬度、高度、單位、出血、色彩模式等就會自動被設定成該預設集的規格。因此在建立新文件時，便可先依文件的製作目的選擇合適的描述檔，然後再依需要進一步更改各設定項目。

● 「更多設定」對話視窗中的設定項目

| 項目名稱 | 說明 |
|---|---|
| 名稱 | 所建立文件的檔案名稱 |
| 描述檔 | 即 Illustrator 所提供的「文件預設集（設定值組合）」類型，包括「列印」、「網頁」、「行動裝置」…等等。一旦設定了描述檔，寬度、高度、單位及色彩模式等都會自動被設定成該類預設集的規格。 |
| 工作區域數量（工作畫板） | 設定工作區域的數量。設為 2 以上時，便可進一步設定工作區域的間距與配置方。製作包含多個頁面的作品時，就可設定此項目。 |
| 大小 | 工作區域的尺寸。一旦選了大小規格，「寬度」和「高度」便會自動被設定好。而你也可自由指定「寬度」和「高度」的值。 |
| 出血 | 設定工作區域的出血。所謂出血，是指商業印刷上「在印刷之後會裁切掉的部分」。一般商業印刷多半設為 **3mm**。而用於網頁製作的文件則不需設定此項。 |
| 色彩模式 | 選擇色彩模式（重現顏色的方式）。一般來說，以印刷為目的時選「CMYK」，以網頁製作等螢幕顯示為目的時選「RGB」。 |
| 點陣特效 | 設定替向量物件套用點陣特效時的「精細度」。一旦將描述檔選為「列印」，此項就會自動被設成「高（300ppi）」，其餘的則會被設為「螢幕（72ppi）」。 |
| 預視模式 | 設為「預設」時，文件中的工作區域便會以全彩的向量圖顯示。除非有特殊理由，否則一般都建議設為「預設」。 |

## Lesson 2-2 儲存檔案

「檔案的儲存」和新文件的建立一樣，都是非常重要的操作。你或許會覺得無聊，但建議你還是要在一開始將這些都徹底理解才好。

### 檔案的儲存

我們一般會建議使用者，作業每到一段落就要不厭其煩地存檔。而存檔時，你必須確實設定好檔案格式（儲存格式）以及各種相關選項。

**01** 於選單列執行「檔案＞儲存」命令❶，叫出「另存新檔」對話視窗。

**02** 於「檔案名稱」中輸入想用的檔名，並指定儲存位置❷。將「存檔類型」指定為「Adobe Illustrator（ai）」❸後，按下「存檔」鈕❹。這裡所指定的「ai 格式」是 Illustrator 的基本檔案格式，除非有特殊理由，否則都請選用此格式。

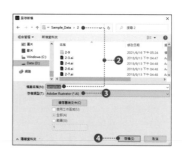

**03** 接著會彈出「Illustrator 選項」對話視窗。其中「版本」項目通常就選你目前所使用的版本❺。「選項」區的各項目則請參考下一頁的說明，依需要做設定。
最後按下「確定」鈕❻，檔案便會被儲存起來。

> **Memo**
> 檔案只要儲存過一次，之後再執行「檔案＞儲存」命令時，便會自動以同樣條件覆寫儲存。若想保留目前文件，並以複製方式建立出新文件，則請執行「檔案＞另存新檔」或是「檔案＞儲存拷貝」命令。

> **Memo**
> 關於 Illustrator 可選用的檔案格式種類，請參考 **p.25**。

> **Memo**
> 若要將檔案存成較舊版本也可開啟的狀態，請參考 **p.230** 的說明。

快速鍵
**檔案的儲存**
Win：`Ctrl`＋`S`　Mac：`⌘`＋`S`

快速鍵
**另存新檔**
Win：`Ctrl`＋`shift`＋`S`　Mac：`⌘`＋`shift`＋`S`

● 「Illustrator 選項」對話視窗的設定項目

| 項目名稱 | 說明 |
|---|---|
| 版本 | 指定 Illustrator 的儲存版本。通常都指定為目前使用中的版本（最新版本） |
| 字體 | 可選擇要將字體完整內嵌，還是只將有用到的字內嵌。通常都設定為「小於：100%」。 |
| 建立 PDF 相容檔案 | 勾選此項，便會儲存可做為 PDF 格式使用的資料。不勾選（取消）此項，檔案會比較小。 |
| 包含連結檔案 | 當文件包含有連結影像（ ➡ p.165 ）時，勾選此項可將影像內嵌於檔案中。 |
| 內嵌 ICC 描述檔 | 將色彩描述檔（ ➡ p.237 ）內嵌於檔案中 |
| 使用壓縮 | 將資料壓縮儲存。此項目通常都會勾選 |

## 資料復原功能

所謂的 **資料復原功能**，就是為了確保萬一 Illustrator 當掉，資料也不會流失，而定期自動儲存的功能（建立快照的功能）。

若要切換此功能的啟用、關閉，請執行「編輯＞偏好設定＞檔案處理與剪貼簿」（Mac 為「Illustrator ＞偏好設定＞檔案處理與剪貼簿」）命令，於「偏好設定」對話視窗中進行設定。

> **Memo**
> 資料復原功能會復原最後一次自動儲存時的資料。從最後一次自動儲存到軟體當掉這段期間所進行的操作，是無法復原的。

● 「偏好設定」對話視窗中的資料復原相關設定項目

| 項目名稱 | 說明 |
|---|---|
| 自動儲存復原資料的時間間隔 | 勾選此項，便會依右側下拉選單所指定的時間間隔自動存檔（建立快照）。取消就會關閉此功能。 |
| 關閉複雜文件的資料復原功能 | 若為檔案大的複雜文件，或是遇到文件中包含大型圖像資料等情況，自動備份可能會很花時間，甚至導致作業被中斷。因此若想避免拖慢作業速度，便可啟用這項設定（預設為啟用）。 |

01　於 Illustrator 當掉之後，再次啟動時，會彈出如圖的對話視窗，若資料可復原，便會開啟以「＜檔名＞〔已復原〕」為名的文件，請依需要予以儲存或關閉。若無資料可復原，則會開啟當掉前最後開著的文件。

---

**實用的延伸知識！** ▶ **正確關閉檔案**

執行「檔案＞關閉檔案」命令（Mac 還可點按文件視窗的紅色關閉鈕）便可關閉目前所編輯的文件。而有多個文件同時開啟時，則可點按索引標籤右端的「×」鈕❶來關閉個別檔案。

| 快速鍵 | 快速鍵 |
|---|---|
| 關閉檔案 | 開啟檔案 |
| Ctrl（⌘）+ W | Ctrl（⌘）+ O |

## Lesson 2-3 變更顯示比例

欲配置、編輯圖稿的細節部分及細小的物件時，會需要加大文件視窗的顯示比例。故在此要解說的就是顯示比例與顯示範圍的變更方法。

### 變更顯示比例

若要變更文件視窗的顯示比例，請於工具列選擇「放大鏡」工具 🔍 ❶，然後以如下的操作方式來放大、縮小畫面。

#### ☑ 放大顯示

▶ 將滑鼠指標移到想放大部分的中心，再按住滑鼠左鍵向右拖曳❷

▶ 長按滑鼠左鍵

#### ☑ 縮小顯示

▶ 將滑鼠指標移到想縮小部分的中心，再按住滑鼠左鍵向左拖曳❸

▶ 按住 Alt（option）鍵不放，使滑鼠指標切換為縮小顯示模式，再長按滑鼠左鍵

> **Memo**
> 以上操作，是在採取「GPU 預視」且啟用「動畫的縮放」功能時的情況。
> 若你使用「放大鏡」工具 🔍 拖曳的效果與上述不同，請參考下一頁「採取 CPU 預視時的操作方法」。

---

**實用的延伸知識！** ▶ **各種放大、縮小的方法**

除了上述做法外，Illustrator 還有很多其他變更文件視窗顯示比例的方法。

▶ 雙按工具列上的「放大鏡」工具 🔍：**100% 顯示**

▶ 雙按工具列上的「手形」工具 ✋：**符合螢幕（完整顯示）**

▶ 使用其他工具時按住 Ctrl（⌘）+ 空白鍵：切換成「放大鏡」工具

▶ 使用其他工具時按住 Ctrl（⌘）+ Alt + 空白鍵：切換「放大鏡」工具的縮小模式

▶ 點按文件視窗下端的▼鈕來選擇顯示比例❶

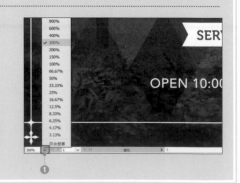

# GPU 效能功能

## GPU 效能的啟用／關閉

所謂的 GPU（Graphics Processing Unit），是指你用的 PC 或 Mac 所配備的**圖形資料處理積體電路（圖形處理器）**。而 PC 或 Mac 必須符合一定條件，才能使用 GPU 效能功能。若無法使用 GPU 效能功能，則會採用 CPU 預視。

欲切換 GPU 效能的啟用／關閉時，請執行「編輯＞偏好設定＞效能」命令（Mac 可點按應用程式列中的「GPU 效能」圖示，亦即火箭圖示），叫出「偏好設定」對話視窗❶，然後勾選「GPU 效能」和「動畫的縮放」項目❷。

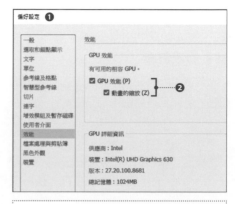

## 兩種預視模式

一旦啟用 GPU 效能，你便可選擇要以 GPU 預視或 CPU 預視來顯示畫面。

你可從文件索引標籤的文件名稱右側，看出目前所開啟文件採用的是哪種顯示模式❸。為 GPU 預視時僅顯示「預視」字樣，為 CPU 預視時則會顯示「CPU 預視」字樣。

在啟用了「GPU 效能」的狀態下，可執行「檢視＞CPU 預視」命令來切換為 CPU 預視。

## 採取 CPU 預視時的操作方法

用「放大鏡」工具 Q ，在工作區域拖曳出想放大的範圍❹。這時所拖曳的範圍便會顯示出叫做「選取框」的虛線矩形。

鬆開滑鼠左鍵，「選取框」的範圍便會放大顯示，填滿整個文件視窗❺。

而直接點按工作區域，則能以所點按處為中心，逐步遞增文件視窗內的顯示比例。若要縮小顯示比例，請按住 Alt （ option ）鍵不放，使滑鼠指標切換為縮小顯示模式，再拖曳或點按。

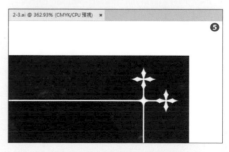

# 2-4 變更顯示範圍

以很大的比例顯示圖稿時,往往需要頻繁地變更顯示範圍。而每次都點選工具列上的「手形」工具 🖐 來更改顯示範圍是很沒效率的,請務必學會更有效率的做法才好。

## 🔲 移動顯示範圍

將圖像放大顯示時,若要更改文件視窗的顯示範圍,可使用「手形」工具 🖐。

**01** 於工具列選取「手形」工具 🖐 **❶**,然後在文件視窗中拖曳**❷**,這時顯示範圍便會朝拖曳的方向移動**❸**。

> **Memo**
>
> 不論目前使用的工具為何,只要按住空白鍵不放,便能暫時切換至「手形」工具 🖐。而以「手形」工具 🖐 的運用來說,與其在工具列切換,按住空白鍵的方式其實更為方便,故請務必記住此做法。

## 🔲 使用「導覽器」面板

文件視窗的顯示範圍與比例也可利用「導覽器」面板來變更,而其用法就如以下步驟所示。

**01** 於選單列執行「視窗 > 導覽器」命令,叫出「導覽器」面板。
該面板內的紅框範圍(替身預示範圍),就是目前文件視窗所顯示的範圍**❹**。

**02** 拖曳「導覽器」面板上的紅框,就能變更顯示範圍。而你還可利用該面板下方的選單來選擇顯示比例**❺**,藉此縮放顯示大小。

> **Memo**
>
> 即使設定了多個工作區域,只要使用「導覽器」面板,就能立刻掌握所有文件內容,非常方便。

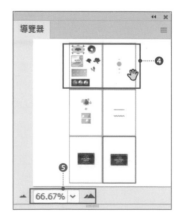

### 利用「檢視」選單來操作

文件視窗的顯示範圍與比例也可用「檢視」選單中的命令來更改 ❻，而各相關命令的作用和快速鍵如下表所示，請依需要分別運用。

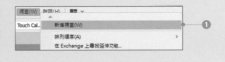

> **Memo**
> 若能記住「檢視」選單中各項命令的快速鍵，操作起來就會很方便。

● 「檢視」選單中的相關命令

| 命令名稱 | 說明 | 快速鍵 |
|---|---|---|
| 放大顯示 | 放大顯示尺寸 | `Ctrl`（`⌘`）+ `+` |
| 縮小顯示 | 縮小顯示尺寸 | `Ctrl`（`⌘`）+ `-` |
| 使工作區域符合視窗 | 將目前所選的工作區域，完整顯示於文件視窗內 | `Ctrl`（`⌘`）+ `0` |
| 全部符合視窗 | 將配置於文件內的所有工作區域，完整顯示於文件視窗中 | `Ctrl`（`⌘`）+ `Alt`（`option`）+ `0` |
| 實際尺寸 | 將目前所選的工作區域，以 100% 的顯示比例顯示於文件視窗中央 | `Ctrl`（`⌘`）+ `1` |

**實用的延伸知識！** ▶ **出乎意料地好用的「新增視窗」功能**

利用「新增視窗」命令，你便能同時以多個視窗來顯示單一文件。而運用此功能，將各視窗切換為不同的顯示比例，就能同時檢視並比較圖像的整體與細節。

**01** 執行「視窗 > 新增視窗」命令 ❶，Illustrator 便會以相同檔名開啟末尾加上「：1」、「：2」的新視窗。

**02** 點按應用程式列上的「排列文件」鈕 ❷，選擇排列方式。在此我們新增 2 個視窗，共顯示出 3 個視窗，並選擇「3 欄式」的排列方式 ❸。於是 3 個視窗便會顯示為如右圖貌 ❹。

而逐一關閉視窗，視窗名稱末尾的「：1」、「：2」便會逐一消失，最後剩下的一個視窗就是原始文件。

## Lesson 2-5 工作區的操作

Illustrator 可讓你隨意自訂畫面中要顯示的面板種類、面板的顯示位置以及顯示方式等。另外你也可直接切換 Illustrator 內建的各種工作區。

### 工作區的初始化

若你是與其他人共用 Illustrator 的話，例如在公司或學校裡使用公用電腦，一般會建議一開始要先初始化工作區。
請依以下步驟來重設工作區。

**01** 於選單列執行「視窗 > 工作區 > 重設基本功能」命令❶。

**02** 這時工作區便會恢復為 Illustrator 預設的基本功能配置狀態❷。

### 工作區的儲存

若你有偏好的工作區配置方式，那麼可將各面板配置成方便自己操作的狀態後，執行以下步驟來儲存工作區。

**01** 於選單列執行「視窗 > 工作區 > 新增工作區域」命令❸，叫出「新增工作區域」對話視窗。

**02** 於對話視窗中輸入想用的名稱後按「確定」鈕❹，即完成工作區的儲存。

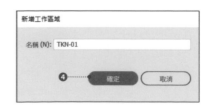

### 工作區的切換

欲使用已儲存的工作區時，請依以下步驟操作。

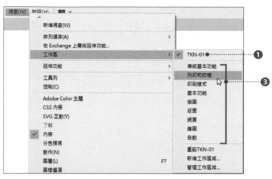

---

**01** 於選單列選取「視窗＞工作區」下的工作區名稱❶。

---

**02** 這時就會切換成你所指定名稱的工作區的儲存狀態❷。
而以同樣步驟，也可切換至 Illustrator 內建的工作區❸。

### 工作區的刪除

欲刪除已儲存的工作區時，請依以下步驟操作。

---

**01** 於選單列選取「視窗＞工作區＞管理工作區域」命令❹。

---

**02** 在彈出的「管理工作區域」對話視窗中點選要刪除的工作區❺，再按垃圾桶圖示❻即可。

---

**實用的延伸知識！** ▶ **自訂工具列**

Illustrator 還可讓你建立原創的工具列，這就叫做「自訂工具列」。

欲建立自訂工具列時，請執行「視窗＞工具列＞新增工具列」命令，叫出「新增工具列」對話視窗，輸入想用的名稱後，按「確定」鈕。

這時會出現一個空的工具列❶，你可按其下端的「編輯工具列」鈕❷，開啟「所有工具」抽屜，從中將所需工具拖曳至此新工具列❸，這樣就能完成工具的登錄❹。

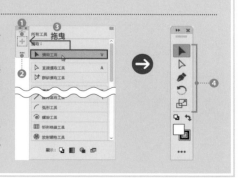

# Lesson 2-6 更改操作介面的顏色

你可以更改 Illustrator 的介面顏色（亮度）。請依所製作圖稿的內容及自己的喜好，將介面調整成更方便作業的顏色。

## 使用者介面的設定

請依以下步驟來變更 Illustrator 的介面顏色（亮度）。

**01** 於選單列選取「編輯＞偏好設定＞使用者介面」（Mac 為「Illustrator ＞偏好設定＞使用者介面」）命令，叫出「偏好設定」對話視窗❶。

**02** 於「亮度」項目點選想用的顏色❷。

**03** 若設定成深色，整體介面就會呈現如右圖的深灰色狀態❸（本書採用淺色設定）。

> **Memo**
> 在「偏好設定」對話視窗的「使用者介面」分類中，除了介面顏色外，還可進行自動收合圖示面板、以標籤方式開啟文件及縮放各介面元素等的設定❹。

## 顯示透明度格點

於選單列選取「檢視＞顯示透明度格點」命令，就能讓工作區域和畫布以透明度格點（灰白相間的格子狀）來顯示。當你需要將白色物件配置於工作區域中，或是在畫布上配置與畫布顏色相似的物件時，可能會很難看清楚物件，這時便可如右圖般適度切換透明度格點的顯示，以利編輯操作。

> **Memo**
> 透明度格點的顯示／隱藏，也可在已選擇「選取」工具 ▶ 但尚未選取任何物件的狀態下，於「內容」面板的「尺標和格點」部分點按對應圖示❺來切換。

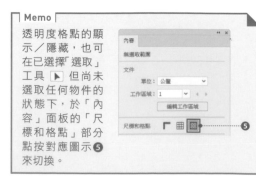

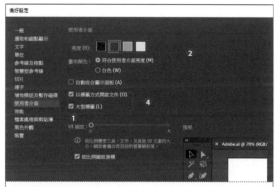

若將「畫布顏色」選為「白色」，則不論介面顏色為何，畫布的顏色都會是白色。

❸

# Lesson 2-7 瞭解智慧型參考線

所謂的「智慧型參考線」,是一種會在繪製、變形、選取、移動物件時顯示的參考線功能。此功能會顯示相對於其他物件或做為基準的點、尺寸等,在建立、配置、對齊時很有幫助。

## 切換智慧型參考線的顯示／隱藏

智慧型參考線的啟用／關閉(顯示／隱藏)可透過選單列的「檢視>智慧型參考線」命令來達成❶。當該命令左側有打勾符號時,即為「啟用(顯示)」狀態。

而在已選擇「選取」工具 ▶ 但尚未選取任何物件的狀態下,點按「內容」面板中「參考線」部分的對應按鈕❷,亦可切換智慧型參考線的啟用／關閉。

此外,在建立複雜的圖稿時,可能會出現太多參考線相互干擾,因此建議你最好依作業狀況適度切換智慧型參考線的啟用／關閉。

═ 快 速 鍵 ═
**智慧型參考線的顯示／隱藏**
Win: Ctrl + U　　Mac: ⌘ + U

┌ Memo ┐
你可在「偏好設定」對話視窗中設定智慧型參考線的顯示項目。詳情請參考 p.234 的說明。

### ☑ 描繪物件時所顯示的資訊

以「矩形」工具 ▢ 、「橢圓形」工具 ◯ 等描繪物件時,智慧型參考線功能會顯示出寬度及高度的測量值,而以「鋼筆」工具 ✐ 繪圖時,則會顯示路徑線段的長度等資訊。

### ☑ 選取及移動物件時所顯示的資訊

當你將滑鼠指標移至物件上,智慧型參考線功能便會顯示出「中心點」、「錨」、「路徑」等表示物件位置的提示及其 X、Y 座標值等資訊。而移動或複製物件時,會顯示出移動距離。此外當所移動物件與附近物件的左右、上下間隔相等時,亦會顯示出對應的參考線。

當「靠齊格點」啟用時,不會顯示「智慧型參考線」

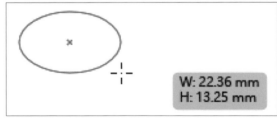

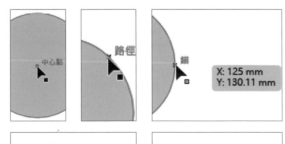

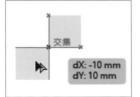

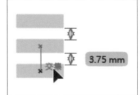

39

# Lesson 2-8 充分運用尺標與參考線、格點

要能夠正確測量尺寸、整齊地排列物件,你就必須充分理解 Illustrator 所提供的尺標、參考線及格點功能。

## 「內容」面板的操作

尺標、格點及參考線的顯示/隱藏可從「檢視」選單來切換,不過在此則是說明如何透過「內容」面板進行切換。

請在已選擇「選取」工具 ▶ 但尚未選取任何物件的狀態下,叫出「內容」面板。

## ☑ 顯示尺標

點按「尺標和格點」部分的對應圖示❶,即可讓尺標顯示出來。這時文件視窗的上端與左側便會出現尺標❷。

而要隱藏已顯示的尺標時,只要再次點按對應圖示❶即可。

---

**快速鍵**

**尺標的顯示/隱藏**

Win:`Ctrl`+`R`　　Mac:`⌘`+`R`

---

**Memo**

預設的尺標單位,會依建立新文件時指定的描述檔(p.28)種類而有所不同。
若要變更尺標的單位,可在「內容」面板的「單位」部分指定❸(若要變更文字及筆畫的「單位」,請參考 p.233 的說明)。

---

## ☑ 顯示格點

Illustrator 也備有格點功能。欲顯示出格點時,請點按「尺標和格點」部分的對應圖示❺,即可讓格點顯示出來。這時整個畫面便會佈滿格點❻。

---

**Memo**

若希望所配置的物件能完全貼合於格點,請點按「靠齊選項」部分的對應圖示❼,以啟用「靠齊格點」功能。

---

尺標的原點(縱軸及橫軸皆為 0 處)預設位於工作區域的左上角。若要更改原點的位置,請以滑鼠按住尺標左上角往任意位置拖曳❹,則鬆開滑鼠左鍵時的滑鼠指標所在處,就會是新的原點位置。而欲將原點恢復至左上角時,就雙按尺標的左上角即可。

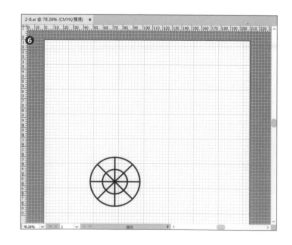

### 建立參考線

點按「尺標和格點」部分的對應圖示❶將尺標顯示出來後，再點按「參考線」部分的對應圖示❷，便可將參考線切換至顯示狀態。

要建立水平參考線時，請按住上端尺標往下拖曳；要建立垂直參考線時，則按住左側尺標往右拖曳❸。

如此一來，在你鬆開滑鼠左鍵處便會出現參考線。而若同時按住 shift 鍵拖曳，參考線還會吸附於尺標刻度的位置。

如果要隱藏參考線，就再按一次對應圖示❷，即可將參考線切換為隱藏狀態。

> **Memo**
> 點選工具列上的「工作區域」工具 ，再從尺標拖曳出參考線，就能建立出完全符合工作區域之長度、寬度的參考線。

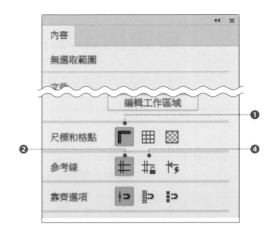

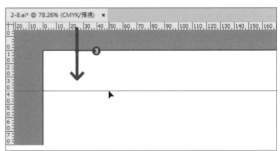

### 清除參考線

欲清除部分參考線時，請點按「參考線」部分的對應圖示❹，解除參考線的鎖定狀態，再到工具列選擇「選取」工具 ，點選欲刪除的參考線後，按 Delete（ BackSpace ）鍵刪除。

而若是要清除所有參考線，則執行「檢視＞參考線＞清除參考線」命令即可❺。

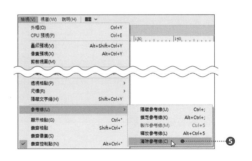

### 將物件轉換成參考線

以「選取」工具 選取欲轉換成參考線的物件❶，然後執行「檢視＞參考線＞製作參考線」命令❷，就能將物件轉換成參考線❸。利用此功能，你便能建立出各種形狀的參考線。

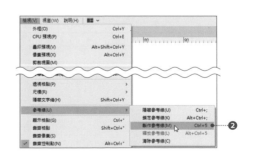

| 快 速 鍵 |
|---|
| **製作參考線** |
| Win: Ctrl + 5  Mac: ⌘ + 5 |

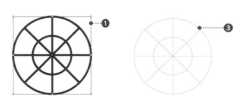

## Lesson 2-9  精通列印功能

若是想用家中的印表機正確列印以 Illustrator 製作的圖稿、圖像，你就必須理解 Illustrator 的列印功能。

### 「列印」對話視窗的基礎介紹

欲列印文件時，請執行「檔案 > 列印」命令
❶，叫出「列印」對話視窗。

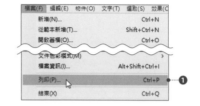

細節選項可設定色彩管理等各種與印刷有關的項目，詳見 Illustrator 的說明文件。

❸

預視窗格會顯示印出來的樣子，列印前請務必確認。

❷

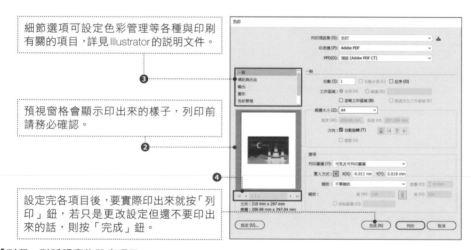

設定完各項目後，要實際印出來就按「列印」鈕，若只是更改設定但還不要印出來的話，則按「完成」鈕。

#### ● 「列印」對話視窗的設定項目

| 項目名稱 | 說明 |
| --- | --- |
| 列印預設集 | 若有事先存好列印預設集，便可於此選擇該預設集。若要將此次的設定狀態新增為列印預設集，請按右側的圖示鈕。 |
| 印表機 | 選擇要用的印表機 |
| PPD | 選擇 PostScript 印表機所需的「PPD 檔」 |
| 份數／自動分頁／反序 | 指定列印份數。列印具多個工作區域的文件時，勾選「自動分頁」，便能依序列印一系列的印刷品。而勾選「反序」則能以顛倒的順序印刷。 |
| 工作區域 | 當文件中包含多個工作區域（ ➡ p.221）時，可在此指定要列印哪個工作區域。 |
| 媒體大小／方向 | 指定列印用紙的尺寸（A4 或 A3 等）及方向 |
| 列印圖層 | 若圖稿是以多個圖層（ ➡ p.112）構成，就可指定要列印的圖層。想要完整列印出來的話，就選預設的「可見及可列印圖層」。 |
| 置入方式 | 可指定要將工作區域印在列印用紙的哪個位置。預設是印在正中央，而所顯示的座標值是列印用紙左上角的值。一旦指定參考點，列印用紙和工作區域就會對齊於該參考點。另外也可於預視窗格中拖曳以改變列印位置❷。 |
| 縮放 | 可指定要以怎樣的大小來列印工作區域。選「不要縮放」會直接維持原狀印出；選「符合頁面大小」則會配合列印用紙的尺寸，自動縮放工作區域來列印。而「並排」類選項請參考右頁的說明。 |
| 細節選項 | 可詳細設定剪裁標記及色彩管理等各種項目❸ |
| 選擇工作區域 | 當文件包含多個工作區域時，可在此指定要預視的工作區域❹。 |

### 移動列印範圍

想要用比工作區域小的印刷用紙,來印出該工作區域的部分內容時,你可移動所設定的**「列印範圍」**。

右圖便是將 A3 尺寸的工作區域,配置為單面 B5 尺寸的跨頁(即 B4 橫向),然後用 A4 尺寸的紙張來列印其中一頁。

01 於選單列執行**「檢視 > 顯示列印並排」**命令,顯示出列印範圍❶(外側虛線代表印刷用紙的尺寸,內側虛線代表可列印區域)。而這裡所顯示的範圍,是「列印」對話視窗中「媒體大小」項目所設定的尺寸。

02 在工具列選取**「列印並排」**工具 ,後❷,於文件中點按以設定列印範圍。這樣就能移動列印範圍了❸。

雙按工具列上的「列印並排」工具 圖示,便可使移動過的列印範圍重新回到工作區域的正中央。

### 分割列印於多張紙上

欲列印比列印用紙還大的工作區域時,可在「列印」對話視窗中將「縮放」項目選為「並排」類選項,把工作區域分割列印於多張紙上。

在此示範將 B3 尺寸的工作區域,分割列印於 4 張 A4 紙。

01 叫出「列印」對話視窗,選好印表機,設定「媒體大小:A4」、「方向:橫式向左」❹,再於「選項」區將「縮放」下拉式選單選為「並排可列印區域」❺。這時看看預視窗格便會發現,B3 尺寸的工作區域被虛線分割成了 4 塊❻。

請按「完成」鈕回到文件。

02 執行「檢視 > 顯示列印並排」命令,便能看見工作區域被 A4 尺寸分割成 4 份的樣子❼。

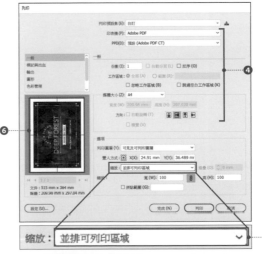

縮放: 並排可列印區域

# 2-10 物件的選取、刪除、移動

Lesson

在 Illustrator 中,所有針對物件的操作都是從「選取目標物件」開始。因此物件的選取與取消選取等操作可說是絕對必學。

## 選取物件

欲選取 Illustrator 工作區域中的物件時,請先於工具列點選「選取」工具  ❶,再點按目標物件❷。

如此便能選取物件,而該物件會顯示出邊框(➡ p.60)。

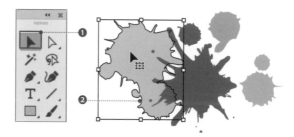

## 同時選取多個物件

想要一次選取多個物件時,可用「選取」工具 於工作區域中按住滑鼠左鍵拖曳❸。

拖曳時會出現名為「選取框」的虛線矩形,而被選取框包住的物件都會被選取到❹。

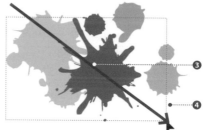

## 取消選取

欲取消物件的選取狀態時,就用「選取」工具 點一下工作區域中的空白部分即可❺。

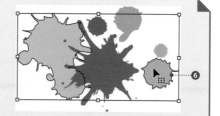

---

**Memo**

在已選取某些物件的狀態下,若想加選其他物件,可按住 shift 鍵不放並以滑鼠點按欲加選的物件❻,這樣就能將點到的物件也選取起來。

而在已選取某些物件的狀態下,若想排除、不選某個特定物件,同樣可按住 shift 鍵不放並以滑鼠點按欲排除的已選取物件。

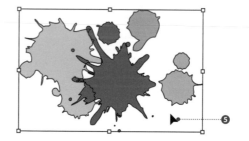

---

**Memo**

若希望用「選取」工具 選取物件後,除邊框和路徑的邊界外,也能以強調方式顯示錨點的話,請執行「編輯>偏好設定>選取和錨點顯示」(Mac 為「Illustrator >偏好設定>選取和錨點顯示」)命令,勾選以啟用其中的「在選取工具和形狀工具中顯示錨點」項目。如此就能更輕鬆地判別哪些物件已被選取。

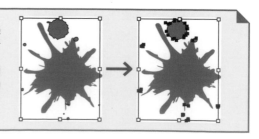

### 刪除物件

想刪除不需要的物件時，只要先用「選取」工具 ▶ 選取物件❶，再執行「編輯＞清除」命令或按 Delete（BackSpace）鍵，即可刪除所選物件❷。

> **Memo**
> 物件一旦刪除就無法復原。因此對於日後可能會再次用到的物件，一般建議不要刪除，只要暫時隱藏就好（➡ p.114）。或者你也可將這些物件複製後配置在工作區域以外的地方，以備不時之需。

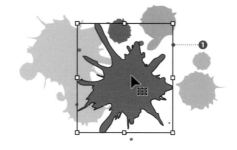

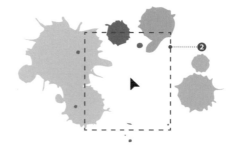

### 移動物件

想要移動物件的話，就用「選取」工具 ▶ 拖曳物件❸。或者在已選取物件的狀態下，按鍵盤上的 ↑ ↓ ← → 右方向鍵來移動。

### 指定移動距離

以拖曳的方式移動物件固然直覺易懂，但很難達到以公釐為單位的準確度。

因此當你要移動的距離很明確時，便可依如下的步驟操作。

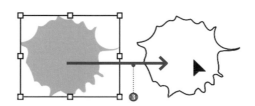

**01** 用「選取」工具 ▶ 選取物件❹，然後執行「物件＞變形＞移動」命令。

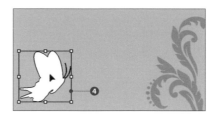

**02** 這時會彈出「移動」對話視窗，於其中輸入「水平」及「垂直」的移動距離❺，再按「確定」鈕❻。則所選物件便會移動到指定位置❼。

> **Memo**
> 若按下「移動」對話視窗中的「拷貝」鈕，則會複製出一個物件到指定位置。

# 2-11 操作的復原與重做

Illustrator 能夠復原、重做已執行的處理。這類功能在實際作業時很常用到，故請務必學會。

## 復原操作

欲復原（取消）已實行的操作時，請執行「編輯 > 還原○○」命令，這樣就能取消前一項操作，回到前一個步驟的狀態。

右圖的最後一項操作是套用了「鋸齒化」效果（執行「效果 > 扭曲與變形 > 鋸齒化」命令），而在此狀態下執行「編輯 > 還原鋸齒化」命令❶，圖稿便會恢復為套用「鋸齒化」效果前的狀態❷。

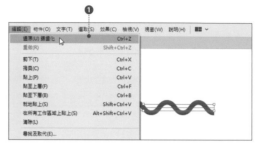

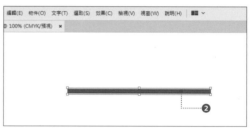

=| 快 速 鍵 |=
**復原操作**
Win：Ctrl + Z　　Mac：⌘ + Z

## 重做操作

若要再次執行已取消的操作，可執行「編輯 > 重做鋸齒化」命令❸，如此便能再次執行前一次取消的操作（以此例來說就是如右圖的鋸齒化效果）❹。

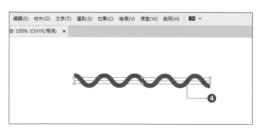

=| 快 速 鍵 |=
**重做操作**
Win：Ctrl + shift + Z　　Mac：⌘ + shift + Z

---

**實用的延伸知識！** ▶ **可以復原幾項操作呢？**

在 Illustrator 中，按住 Ctrl（⌘）鍵不放再按 Z 鍵就能復原操作。而連續按好幾次 Z 鍵，便能逐一復原先前的各項操作，最多可復原 200 項。要更改這個復原次數時，請執行「編輯 > 偏好設定 > 效能」（Mac 為「Illustrator > 偏好設定 > 效能」）命令，於「還原計算」項目進行設定。

不過一旦關閉檔案，就無法恢復之前的操作，這點請務必注意。亦即復原和重做的對象僅限於「從開啟檔案到現在為止」的操作。

# Lesson · 3

The Method of Drawing to Basic Shapes.

## 基本圖形的繪製方法與變形操作

### 首先從基本圖形的畫法開始學起！

本章將從以 Illustrator 描繪圓形及長方形、多邊形等基本圖形的方法開始解說，並隨之說明所建立物件的「填色」與「筆畫」的顏色設定方式。這可說是達成隨心所欲地描繪插畫的「第一步」。

# 3-1 繪製橢圓形及正圓形

橢圓形及正圓形都是用「橢圓形」工具 ◯ 來繪製。其基本操作方法非常簡單,不過也有一些方便好用的小技巧很值得一學。

## 基本圖形的畫法(橢圓形、正圓形)

要畫橢圓形或正圓形時,請依如下步驟操作。

**01** 首先確認工具列下端的「填色」與「筆畫」方塊是設定為如右圖的「填色:白」、「筆畫:黑」狀態❶。
若與右圖不同,就點按「預設填色與筆畫」鈕❷。

**02** 長按工具列上的「矩形」工具 ▢ 圖示,選取「橢圓形」工具 ◯ ❸,然後在工作區域中拖曳❹。這時便會出現藍色線條的橢圓形,而只要你還按著滑鼠左鍵,圖形就不會確定。直到鬆開滑鼠左鍵,才會實際繪製出橢圓形❺。

**03** 畫出橢圓形後,按住鍵盤上的 [Ctrl]([⌘])鍵不放,點一下工作區域中的空白部分,便能取消該橢圓形的選取狀態❻。
而這樣繪製出來的物件叫做「**路徑物件**」。

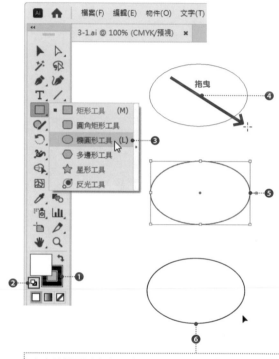

> 畫出的橢圓形會套用步驟 01 所設定的「填色」和「筆畫」顏色(→ p.120),以本例來說就是「填色:白」、「筆畫:黑」。

> **Memo**
> 「橢圓形」工具 ◯ 所對應的快速鍵是 [L]。因此在使用其他工具的狀態下,只要按 [L] 鍵,就能快速切換至「橢圓形」工具。

---

**實用的延伸知識!** ▶ **正圓形的畫法**

使用「橢圓形」工具 ◯ 時,若能同時按住 [shift] 鍵不放在工作區域中拖曳,圖形的寬高比例就會維持一致,便能畫出正圓形。
而按住 [Alt]([option])鍵拖曳則可從中心點朝外繪製,請自行嘗試看看。
另外也可同時按住 [shift] 和 [Alt]([option])鍵拖曳繪製。

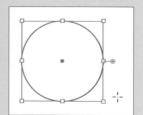

## 更改物件的顏色

要更改物件的顏色時，可叫出控制列，透過操作控制列的方式來進行顏色設定。其操作步驟如下。

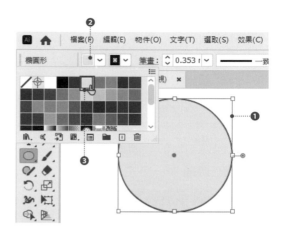

**01** 按住 Ctrl（ ⌘ ）鍵不放，以滑鼠點選物件❶，再點按控制列上的「填色」方塊❷，於彈出的「色票」面板中選擇想要的顏色❸。原本為白色的內部部分就會變成你所選定的顏色。這部分就稱為路徑物件的「填色」。

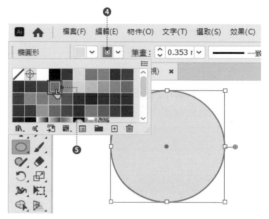

**02** 同樣地，這次點按控制列上的「筆畫」方塊❹，並選擇想要的顏色❺。
如此一來，原本為黑色的物件外框線就會變成你所選定的顏色（由於筆畫寬度很細，故在右圖中不易看出來）。這部分就稱為路徑物件的「筆畫」。

## 變更物件的筆畫寬度

若要更改所繪製的路徑物件的筆畫寬度，請依如下步驟操作。

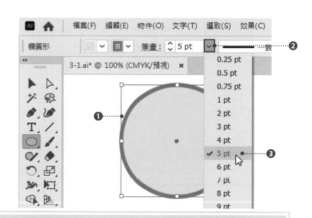

**01** 按住 Ctrl（ ⌘ ）鍵不放，以滑鼠點選物件❶，再點開控制列上的「筆畫寬度」選單❷，選擇其中的「5pt」❸。
如此一來「筆畫」就會變粗。

---

**實用的延伸知識！**　▷ **內切圓與外接圓**

以「橢圓形」工具 ⬭ 繪製橢圓形或正圓形時，先在工作區域中按住滑鼠左鍵拖曳，再同時加按 Ctrl（ ⌘ ）鍵不放，就能畫出通過起點和終點的橢圓形（**外接圓**）。而直接拖曳，則會繪製出包含在由起點和終點構成的長方形內的橢圓形（**內切圓**）。

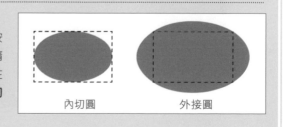

內切圓　　　外接圓

## 繪製正多邊形

正多邊形是以「多邊形」工具 ◎ 來繪製。其基本操作方法和前述的「橢圓形」工具 ◎ 一樣，不過還多了調整邊數和角度等功能。

### 繪製正三角形

不論有幾個邊，所有正多邊形的畫法都一樣。在此是以正三角形為例。

欲繪製正三角形時，請依如下步驟操作。

**01** 於控制列將「填色」方塊設為任意顏色，並將「筆畫」方塊設為「無」（白底加上紅色斜線的圖示）❶。所謂「無」，就如其字面意義，是「什麼都沒有」的意思。

**02** 於工具列選取「多邊形」工具 ◎ ❷，然後在工作區域中拖曳❸。而此工具預設繪製的是正六邊形。

**03** 在拖曳的狀態下，不放開滑鼠左鍵，按鍵盤的向下方向鍵，邊數便會減1，變成正五邊形。再繼續按2次向下方向鍵，就會變成正三角形。此時鬆開滑鼠左鍵，便可繪製出如右圖的正三角形❹。

**04** 畫出三角形後，按住鍵盤上的 Ctrl（⌘）鍵不放，點一下工作區域中的空白部分，便能取消該物件的選取狀態。

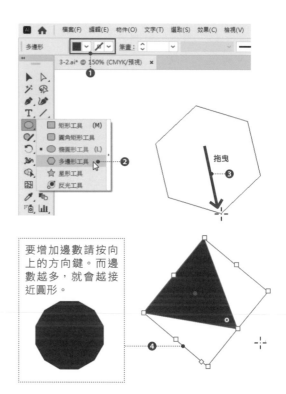

要增加邊數請按向上的方向鍵。而邊數越多，就會越接近圓形。

> **Memo**
> 一旦畫過三角形，下次使用「多邊形」工具 ◎ 時，預設繪製的就會是三角形。除非重新啟動 Illustrator，否則工具列的設定值都會維持不變。

---

**實用的延伸知識！** ▶ **如何以固定的角度繪製多邊形**

使用「多邊形」工具 ◎ 在工作區域中拖曳時，若同時按住 shift 鍵拖曳，多邊形的角度就會固定不變。而欲完成繪製時，記得要先鬆開滑鼠左鍵，再鬆開 shift 鍵。

## ❖ 繪製星形物件

欲繪製星形物件時，請依如下步驟操作。

**01** 這次讓我們嘗試把「填色」設為漸層❶❷，而「筆畫」還是設為「無」❸。

**02** 於工具列選取「星形」工具 ⭐ ❹，然後在工作區域中拖曳❺。而在開始拖曳後若按住 shift 鍵不放，便能固定角度，畫出以其中一角為頂點的星形。隨著拖曳的方向不同，星形的角度也會不同，請自行多方嘗試❻。

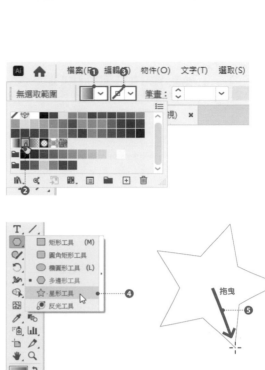

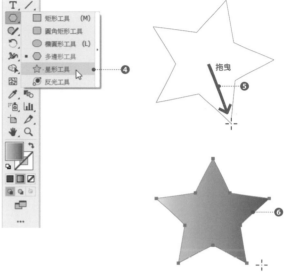

> **Memo**
>
> 開始拖曳後再按住 Alt（option）鍵，便能畫出尖角兩側的邊對齊於同一直線的星形。
>
>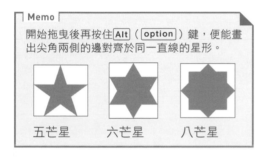
>
> 五芒星　　六芒星　　八芒星

## ❖ 繪製爆炸圖形

「星形」工具 ⭐ 不僅可畫出星形物件，還能畫出各種其他形狀的圖形。

**01** 在以「星形」工具 ⭐ 拖曳時，按上、下方向鍵，便可增、減尖角數❶。而尖角數（星芒數）越多，就越有鋸齒狀的爆炸感，像右圖便是按了 11 次向上方向鍵的結果。

**02** 在以「星形」工具 ⭐ 拖曳時，按住 Ctrl（⌘）鍵不放往內側拖曳，其尖角就會逐漸減緩❷。
以同樣方式朝外側拖曳，其尖角則會越來越尖。一旦鬆開 Ctrl（⌘）鍵，尖角的角度便會固定。

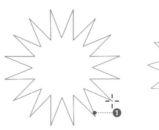

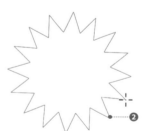

加上文字，就成了折扣貼紙設計。

藉由調整尖角的數量及角度的方式，便能畫出如「星芒」等各種圖案。

# 3-3 繪製矩形與圓角矩形

矩形（長方形）和圓角矩形分別是用「矩形」工具 ▣ 和「圓角矩形」工具 ▣ 來繪製，而其基本操作方式和前述的橢圓形及多邊形相同。

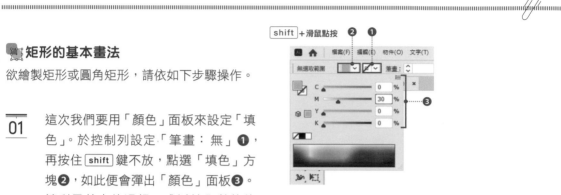

## 矩形的基本畫法

欲繪製矩形或圓角矩形，請依如下步驟操作。

**01** 這次我們要用「顏色」面板來設定「填色」。於控制列設定「筆畫：無」❶，再按住 shift 鍵不放，點選「填色」方塊❷，如此便會彈出「顏色」面板❸。請利用其中的滑桿，或以輸入數值的方式設定想要的顏色（➡ p.121「「顏色」面板的基本操作」）。

**02** 於工具列選取「矩形」工具 ▣ ❹，在工作區域中拖曳出任意尺寸後，鬆開滑鼠左鍵❺，便能繪製出矩形（長方形）。

以同樣方式選取「圓角矩形」工具 ▣ ❻，則能畫出圓角矩形❼（在此將其「填色」設為水藍色）。

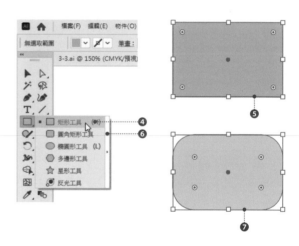

> **Memo**
> 按住 shift 鍵不放拖曳可繪製正方形或圓角正方形。而按住 Alt（option）鍵拖曳，則能從中心開始繪製圖形。

## 圓角矩形的圓角半徑

圓角矩形的圓角半徑可在拖曳繪製的過程中，透過鍵盤按鍵的操作來更改。

按 ↑ 會使半徑逐漸增大❶，按 → 鍵則能使半徑立刻變成最大值❷。相反地，按 ↓ 鍵會使半徑逐漸縮小，按 ← 鍵則能使半徑立刻變成 0（變成普通的矩形）。若要準確地繪製特定尺寸的圓角矩形，可在選取「圓角矩形」工具 ▣ 後，於工作區域的任一處點一下。會彈出如右圖的「圓角矩形」對話視窗，讓你以數值精準地指定尺寸❸。

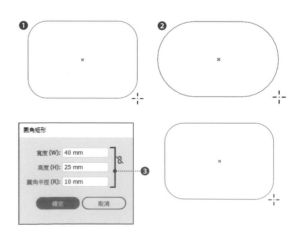

# 3-4 瞭解即時形狀（Live Shapes）

以「矩形」工具 ▣、「橢圓形」工具 ◉、「多邊形」工具 ◉ 等繪製的物件，可藉由拖曳操作
迅速變形，或透過「變形」面板以指定數值的方式，精準且不限次數地進行變形處理。

## 何謂即時形狀（Live Shapes）

以「矩形」工具 ▣、「圓角矩形」工具 ▣
、「橢圓形」工具 ◉、「多邊形」工具 ◉、
「Shaper」工具 ✓、「線段區段」工具 ╱ 所
繪製的物件，叫做「即時形狀」。

這些即時形狀的物件尺寸、頂點形狀、圓角
半徑、旋轉角度、邊數等，都以外框屬性的
形式被記載於「變形」面板中❶。

此為以「多邊形」
工具 ◉ 繪製之多
邊形的屬性。
可在此查看並修
改其邊數、旋轉角
度、頂點形狀、頂
點的變形、多邊形
半徑、多邊形邊長
等。

## 用 Widget 控制點來變形

各個即時形狀都具有一種叫「Widget」的控
制點，可用直覺的拖曳操作來進行各種變形
處理。

拖曳即時矩形上的「尖角 Widget」❷，就能
改變其尖角形狀❸。

拖曳即時多邊形上的「邊 Widget」❹，就能
增、減其邊數❺。

而拖曳即時橢圓形上的「圓 Widget」❻，則
能變形成圓餅圖的形狀❼。

此外這些也都可於「變形」面板的外框屬性
部分，以指定數值的方式變更。

## 即時形狀的展開

各個即時形狀都非常方便好用，但就如變形
成菱形般（➞ p.54），若是要進行「不需屬性
的變形操作」的話，就將形狀展開，去除
屬性。

這時請執行「物件 > 外框 > 展開形狀」
命令❽。

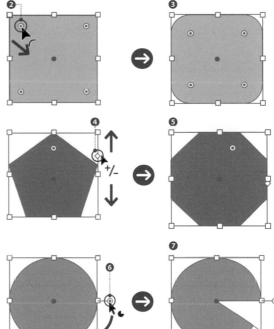

也可在選取即時形
狀的狀態下，按下
「內容」面板裡的
「展開形狀」鈕來
展開形狀。

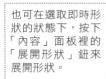

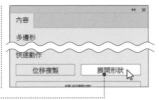

# 3-5 繪製菱形及等腰直角三角形

菱形與等腰直角三角形也屬於基本圖形，然而 Illustrator 並未提供可直接繪製這些圖形的專用工具。不過你可用本節所介紹的畫法來繪製。

### 菱形的畫法

Illustrator 並未提供繪製菱形的專用工具，因此需以變形正方形的方式來繪製菱形。

**01** 在控制列將「填色」設定為任意色彩，並設定「筆畫：無」❶。

於工具列選取「矩形」工具 ▢ ❷然後按住 shift 鍵不放在工作區域中拖曳，繪製出適當尺寸的正方形❸。

**02** 於工具列點選「選取」工具 ▶ ，再將滑鼠指標移至控制點外側，待滑鼠指標變成如右圖狀❹，就按住 shift 鍵並拖曳以旋轉 45 度❺。

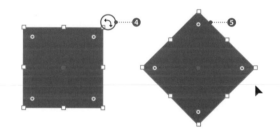

**03** 接著要展開即時矩形。請執行「物件＞外框＞展開形狀」命令來展開即時矩形❻。即時矩形一旦展開，「控制點」就會變成邊框上的白色空心正方形，而即時矩形的 Widget 也會消失❼。

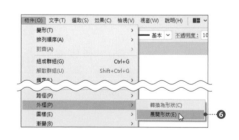

**Memo**

你也能從「內容」面板執行「展開形狀」的處理。而一旦將即時矩形展開，「變形」面板上原本的「矩形屬性」部分就會顯示為「沒有外框屬性」❽。有關即時矩形的資訊，請參考 p.53。

**04** 繼續執行「物件 > 變形 > 重設邊框」
命令❾。

這樣一來，邊框的方向就會被重設，
變成相對於 X、Y 軸，沿水平、垂直
方向包住物件的狀態❿。

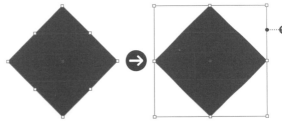

**05** 最後將邊框中央下端的控制點往上拉
曳⓫，這樣就能調整物件的高度。調
整至適當高度，即完成菱形。

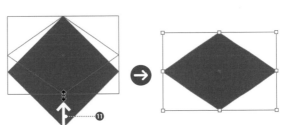

### 繪製等腰直角三角形

在此要利用剛剛建立的菱形，來繪製等腰直
角三角形。

**01** 於工具列點選「直接選取」工具 ▷
❶，然後拖曳框住菱形下端的錨點
❷，以選取該錨點❸。

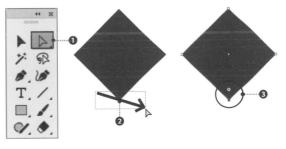

**02** 這時控制列和「內容」面板都會顯示
出「移除選取的錨點」鈕，請點按該
鈕❹。按下後該錨點便會被刪除，於
是形成等腰直角三角形❺。

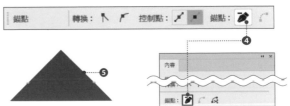

---

**實用的延伸知識！** ▶ **選取類工具的快速鍵**

在 Illustrator 中製作圖稿時，經常會用到「選取」工具 ▶ 及「直接選取」工具 ▷ 等。這些工具不
僅會用於選取物件，也會用在如上述的變形、加工等處理上。因此一般都建議將這類工具的快速鍵
記起來，畢竟每次都要到工具列去選實在是太麻煩了。「選取」工具 ▶ 的快速鍵是 V，而「直接
選取」工具 ▷ 是 A。

## Lesson 3-6 繪製尺寸精準的圖形

Illustrator 不僅能以拖曳操作進行直覺式的繪圖,也能以指定數值的方式進行「精準的繪圖」。
請依圖形的繪製目的及用途來選擇合適的做法。

### 📎 數值的指定與單位

被問到「30pt 有多長?」時,我想能立刻答得出來的人應該不多。

不過被問到「3 公分有多長?」時,大部分人應該都能用手或手指比出約略的長度。

台灣及日本等地在長度的測量上都是以公制單位為主,故比起點(pt)或英吋(inch),一般人應該更熟悉公釐及公分等單位。

由此可知,若要繪製尺寸精準的圖形,事先妥善設定、理解 Illustrator 所使用的「單位」是很重要的。在 Illustrator 中,你可依如下操作來設定單位。

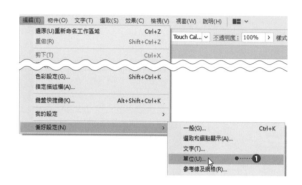

**01** 於選單列執行「編輯 > 偏好設定 > 單位」(Mac 為「Illustrator > 偏好設定 > 單位」)命令❶,叫出「偏好設定」對話視窗(單位)❷。

> **Memo**
> 在已選擇「選取」工具 ▶ 但尚未選取任何物件的狀態下,點按「內容」面板中的「偏好設定」鈕,也可叫出「偏好設定」對話視窗。

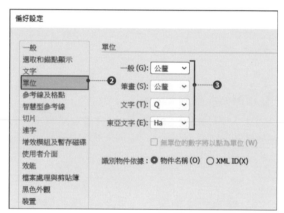

**02** 在「單位」分類中將各單位設定為如下❸,然後按「確定」鈕。

- ▶ 一般:公釐
- ▶ 筆畫:公釐
- ▶ 文字:Q
- ▶ 東亞文字:Ha

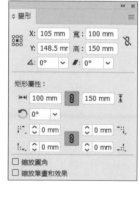

**03** 變更後的單位會反應在各個面板及對話視窗中。
本書接下來都以這裡所設定的單位來進行解說。

> **Memo**
> 本書是以家用印表機的列印及商業印刷品的製作等為目的,使用的是廣為印刷業、平面出版業所使用的單位。若你是要製作網頁素材等其他用途的檔案,請依需要適度更改各單位及顏色設定。

● 「偏好設定」對話視窗的單位相關設定項目

| 項目名稱 | 說明 |
|---|---|
| 一般 | 建立路徑物件時指定的單位，以及「變形」面板、尺標、參考線、格點的間隔、效果的套用尺寸等的單位。 |
| 筆畫 | 路徑物件的「筆畫」的「寬度」的單位 |
| 文字 | 文字尺寸的單位 |
| 東亞文字 | 行距及縮排等的尺寸單位。此選項只在「偏好設定」對話視窗的「文字」分類的「顯示東亞選項」已勾選時，才能設定。 |

## 繪製尺寸精準的橢圓形

不以拖曳操作進行直覺式的描繪，而是要用輸入數值的方式繪製尺寸精準的路徑物件時，請依如下步驟操作。在此以「橢圓形」工具 ◯ 為例。

**01** 於工具列選取「橢圓形」工具 ◯ ❶，然後在工作區域中點一下❷。

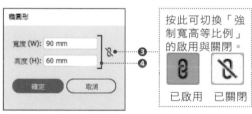

按此可切換「強制寬高等比例」的啟用與關閉。

已啟用　已關閉

**02** 此時會彈出「橢圓形」對話視窗，先確定「強制寬高等比例」已關閉❸，再輸入「寬度：90mm」、「高度：60mm」❹，接著按「確定」鈕。而輸入時可省略單位，只需輸入數值即可。

**03** 如此便會建立出指定數值的橢圓形❺。這裡是以「橢圓形」工具 ◯ 為例示範，不過「矩形」工具 ▢、「多邊形」工具 ◯、「星形」工具 ☆ 等的操作基本上都一樣，請自行嘗試看看。

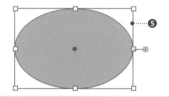

---

**實用的延伸知識！**　▶ 各式各樣的單位

拉下「偏好設定」對話視窗中「單位」分類的各選單便會知道，我們可設定各式各樣的單位。例如「Pica」主要為歐美地區印刷領域所使用的單位。

▶ 1 Pica（1p）=12點（pt）
▶ 1點（pt）=1/72英吋（in）
▶ 1英吋（in）=25.4公釐（mm）

而 Q 和 Ha，是以平面媒體為主的日本印刷及桌面排版業界從以前沿用至今的單位，可說是日本平面設計師絕對必懂的單位。指定文字尺寸時用 Q，指定行距時則用 Ha。

▶ 1Q = 0.25公釐（mm，即四分之一公釐）
▶ 4Q（4H）= 1 公釐（mm）

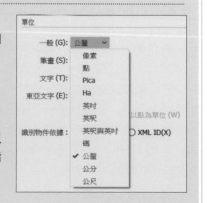

# Lesson 3-7　使用「變形」面板來變形物件

繪製出路徑物件後,若要以指定數值的方式變形,就要使用「變形」面板。形狀複雜的路徑物件很難一開始就用指定數值的方式來畫,所以你需要學會「變形」面板的操作。

## 「變形」面板的內容

「變形」面板會顯示所選物件的以下資訊❶。

▶ **X**　:水平座標
▶ **Y**　:垂直座標
▶ **寬**:物件的寬度
▶ **高**:物件的高度

此外還可指定參考點❷。一旦點按了圖示,更改了參考點,就能看到所點選位置的座標值,且會改以該參考點為變形時的基準點。

> 「變形」面板的操作也可在控制列或「內容」面板中進行。

## 「變形」面板的基本操作

選取任一路徑物件後,就可在「變形」面板輸入以更改各項數值。例如右圖更改了「高」的值❸,所選物件便會依據該值的更動而變形❹。在 Illustrator 中輸入數值時若未同時指定單位,Illustrator 會自動補上「偏好設定」對話視窗(單位類)中所設定的單位( ➡ p.56)。而你當然也可於輸入數值的同時指定單位。

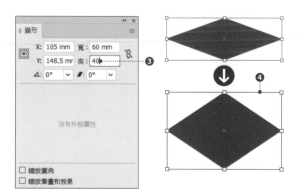

## 四則運算

在 Illustrator「變形」面板的各欄位輸入數值時,還可以指定加、減、乘、除等四則運算,只要分別輸入 +(加)、-(減)、*(乘)、/(除)等符號即可。

例如要將圖形的高度縮小為原本的三分之一時,可先點按「變形」面板的「強制寬高等比例」鈕以解除寬高比例限制❺,再於「高」欄位的末尾輸入「/3」後按 Enter(Return)鍵❻。如此便會自動輸入計算後的數值❼。同樣地,若想放大為 125%,就可在末尾輸入「*1.25」,想增加 6 公釐時,則輸入「+6」。

# |COLUMN|

# 其他的繪圖類工具

除了前面曾介紹過的各種繪圖工具外，
Illustrator還提供以下這些同類型的工具。

▶「線段區段」工具 ✎

▶「弧形」工具 ⌒

▶「螺旋」工具 ◉

▶「矩形格線」工具 ▦

▶「放射網格」工具 ◉

這些工具的基本使用方法都和前述的
「橢圓形」工具 ◯ 、「矩形」工具 ▢
等一樣，可用直覺的拖曳操作方式繪
製，也可用在對話視窗中輸入數值的方
式來繪製路徑物件。

右圖便是利用「線段區段」工具 ✎ 及「弧
形」工具 ⌒ ，分別繪製出簡單的圖形
❶❷。正如各工具的選項對話視窗所
示，你可詳細設定各項目。

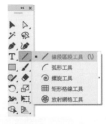

❶

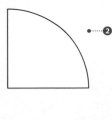

❷

● 其他的繪圖類工具

| 工具名稱 | 說明 |
| --- | --- |
| 線段區段 | 可指定長度和角度以繪製直線 |
| 弧形 | 可指定斜率以繪製圓弧 |
| 螺旋 | 可調整螺旋的數量及間隔，來繪製出旋渦形狀 |
| 矩形格線 | 可調整數量及間隔，來繪製出方格狀的格線 |
| 放射網格 | 可調整數量及間隔，來繪製出同心圓狀的格線 |

#  3-8 以操作邊框的方式來變形物件

用「選取」工具 ▶ 選取物件後，物件周圍就會出現「邊框」，而藉由操作此邊框，你便能夠直覺地變形物件。就連縮放、旋轉、翻轉等也都能以拖曳的方式達成呢。

### 邊框的基本操作

一旦用「選取」工具 ▶ 選取物件，該物件的周圍就會顯示出**邊框**。

而在邊框的 4 個角和 4 邊的中央各有一個控制點，總共有 8 個「控制點」（白色空心正方形）❶。藉由拖曳這些控制點，你便能夠直覺地變形物件。

### 邊框的顯示與隱藏

若選了物件卻沒出現邊框，請執行「檢視＞顯示邊框」命令❷。

若是要隱藏邊框，則執行「檢視＞隱藏邊框」命令❸。

而用「直接選取」工具 ▷ 選取物件時，並不會顯示出邊框。

### 放大與縮小

想要縮放物件時，請將滑鼠指標移至邊框的控制點上，待滑鼠指標變成如右圖狀❹，就按住滑鼠左鍵拖曳。朝外拖曳可放大❺，朝內拖曳則會縮小。

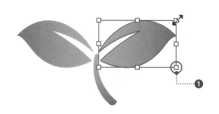

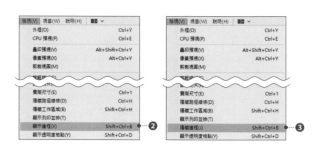

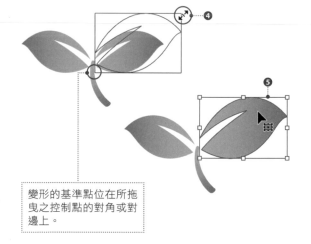

變形的基準點位在所拖曳之控制點的對角或對邊上。

---

**實用的延伸知識！** ▶ **與按鍵搭配的變形操作**

和建立物件時一樣，操作邊框時也可搭配 shift 或 Alt（option）鍵來拖曳。按住 shift 鍵拖曳的話，可在維持寬高比例的狀態下縮放物件，而按住 Alt（option）鍵拖曳的話，則能以物件的正中心為基準點進行變形。

不過拖曳邊框來變形的做法，只適用於想以直覺方式變形的情況，如果需要精準地變形，請使用各種變形工具及變形面板（➡ p.58）。

### 旋轉

想要旋轉物件的話，可將滑鼠指標移至控制
點外側，待滑鼠指標變成如右圖狀❶，就按
住滑鼠左鍵拖曳❷，如此便能旋轉物件❸。
而旋轉軸心為邊框的中心。

> **Memo**
> 按住 shift 鍵拖曳，便能以 45 度為單位旋轉。

> **Memo**
> 若是想先設定旋轉軸心後再進行旋轉處理，則
> 要使用「旋轉」工具 ○ 。

### 翻轉（鏡射）

若是想翻轉（鏡射）物件，請將控制點往對
邊或對角的方向拖曳❹，這樣就能達成如右
圖的翻轉（鏡射）效果❺。

> **Memo**
> 如果想在維持寬高比例的狀態下翻轉（鏡射），
> 或是翻轉並且複製，請使用「鏡射」工具 ◫ （→
> p.62）。

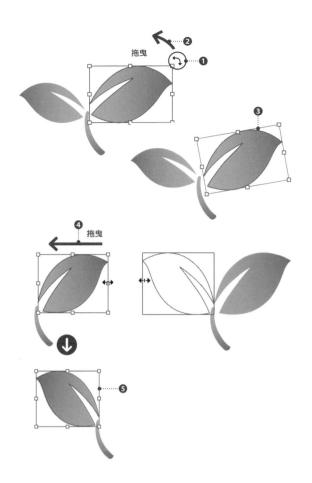

---

**實用的延伸知識！** ▶ **重設邊框**

物件經旋轉後，其邊框也會傾斜。雖然這並
不影響後續使用，但若是想以變形後的狀態
為起點進行其他的變形處理，有時將邊框重
設一下會比較方便。

欲重設邊框時，請執行「物件＞變形＞重設
邊框」命令❶，這樣就能夠保持物件形狀不
變，只將邊框復原成不傾斜的狀態❷。

另外，欲重設即時矩形、即時橢圓形、即時
多邊形等的邊框時，必須先執行「物件＞外
框＞展開形狀」命令❸將形狀展開後，再執
行「重設邊框」命令。

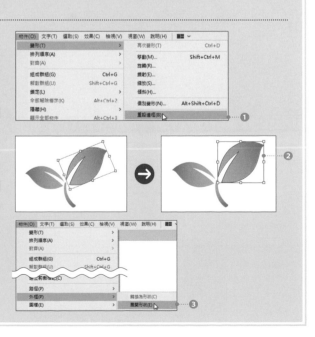

# 3-9 放大、縮小、旋轉、傾斜及翻轉變形

使用「旋轉」工具 ↻ 、「鏡射」工具 ▷◁ 、「縮放」工具 ⌕ 、「傾斜」工具 ↗ 不僅能以拖曳的直覺操作方式變形物件，也能叫出對話視窗以指定數值的方式準確地變形物件。

## 各種變形工具的用法

「旋轉」工具 ↻ ❶、「鏡射」工具 ▷◁ ❷、「縮放」工具 ⌕ ❸、「傾斜」工具 ↗ ❹，這些都是 Illustrator 中常用的變形工具，故請徹底記住其基本操作。

這些變形工具都具有以下 3 種使用方式。

▷ 叫出對話視窗，以指定數值的方式變形。
▷ 設定做為基準的參考點，以拖曳操作的方式變形。
▷ 設定做為基準的參考點，以指定數值的方式變形。

接著便以具體的例子為各位說明。

## 叫出對話視窗，以指定數值的方式變形

在此示範以「縮放」工具 ⌕ 將物件縮小為原本的 70%。

01 用「選取」工具 ▶ 選取物件後❶，雙按工具列上的「縮放」工具 ⌕ 圖示❷。

02 這時會彈出「縮放」對話視窗，設定「一致：70%」❸，再按「確定」鈕。這樣就能以指定的比例來縮小物件❹。

```
Memo
欲叫出各個變形工具的設定對話視窗時，有以
下幾種方法。

· 執行「物件 > 變形」下的命令
· 雙按工具列上的工具圖示
· 使用工具時，按 Enter （ Return ）鍵
· 按住 Alt （ option ）鍵不放，以滑鼠點按欲
  設定為參考點的位置
```

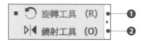

對應於「物件 > 變形」選單下以紅框框住的命令。

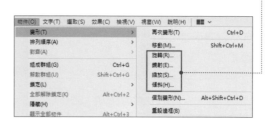

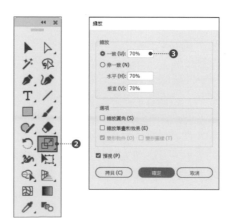

**實用的延伸知識！** ▶ **筆畫和效果也需要縮放**

若勾選「縮放筆畫和效果」項目，則在縮放變形物件時，該物件的筆畫與效果也會被放大或縮小。請自行依需要勾選或取消此項目。

另外，「縮放筆畫和效果」這個項目一旦被啟用或關閉，該設定就會套用至所有的變形操作。

你也可執行「編輯＞偏好設定＞一般」（Mac 為「Illustrator＞偏好設定＞一般」）命令，在「偏好設定」中設定，或是在「變形」面板及其面板選單中設定

在不勾選「縮放筆畫和效果」項目的狀態下，將設定了效果與多種筆畫寬度的文字物件縮小 25%，導致文字裝飾變得很奇怪。在這種情況下，就該先勾選「縮放筆畫和效果」項目再進行變形。

## 設定做為基準的參考點並且變形

在此示範以「傾斜」工具 ⤢ 拖曳物件，使之傾斜變形。

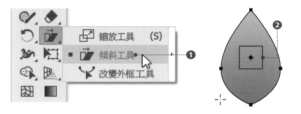

**01** 用「選取」工具 ▶ 選取物件後，點選工具列上的「傾斜」工具 ⤢ ❶。

這時物件中央便會顯示出做為變形基準的參考點 ❷，在此狀態下拖曳，物件便會以該參考點為基準開始變形。

**02** 點按物件的左下角 ❸，做為變形基準的參考點就會被設定在該處。在此狀態下，於物件左上方往右拖曳以變形 ❹。

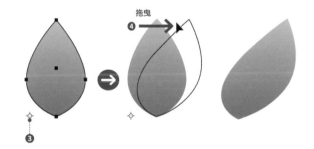

## 設定做為基準的參考點並叫出對話視窗

在此示範以「旋轉」工具 ↻ 設定參考點，並叫出對話視窗，以輸入數值的方式來旋轉物件。

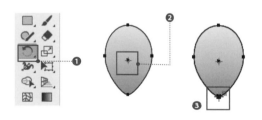

**01** 用「選取」工具 ▶ 選取物件後，點選工具列上的「旋轉」工具 ↻ ❶。這時物件中央便會顯示出做為變形基準的參考點 ❷。

**02** 按住 Alt（option）鍵不放，用滑鼠點一下你想設定參考點的位置 ❸，這樣就能在設定參考點的同時，叫出設定對話視窗。

在此設定「角度：60°」❹，然後按「拷貝」鈕旋轉並複製物件 ❺。

請確認「檢視＞智慧型參考線」命令是否已被勾選。在設定參考點時，若有勾選此命令，就比較容易選定以錨點等做為參考點。

# 3-10 「任意變形」工具的用法

「任意變形」工具 可讓你以直覺的方式進行扭曲變形，簡單地製造出遠近透視感。而藉由搭配按鍵的方式，甚至不需切換按鈕就能進行各種操作。

## 「任意變形」工具的基本操作

在此要以右圖的物件為例，說明「任意變形」工具 的基本操作方法。

用「選取」工具 選取物件後，點選工具列上的「任意變形」工具❶。

這時就會出現「任意變形工具列」❷，而且邊框上的控制點形狀會變成圓形❸。

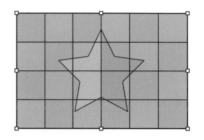

| Memo
「任意變形工具列」提供 4 種工具。

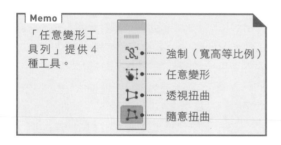

- 強制（寬高等比例）
- 任意變形
- 透視扭曲
- 隨意扭曲

## ☑ 透視扭曲

點選「任意變形工具列」中的「透視扭曲」❹後，將物件左上角的控制點往右拖曳❺。這時右上角的控制點便會同步往左移動，形成透視變形效果❻。

| Memo
文字物件和影像只能夠做縮放、旋轉及傾斜變形，「透視扭曲」和「隨意扭曲」都不適用。

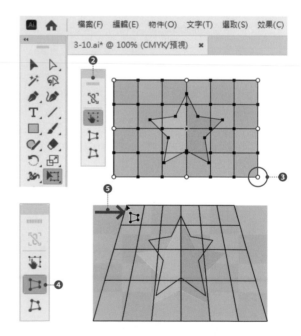

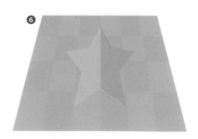

## ☑ 隨意扭曲

點選「任意變形工具列」中的「隨意扭曲」
❼後，將左上角的控制點往中心方向拖曳❽。
這時左上角的控制點便會往中心方向移動，
形成隨意扭曲的變形效果❾。

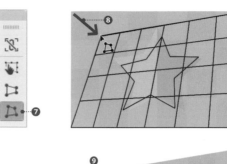

┌ Memo ┐
變形時按住 [shift] 鍵拖曳，或在「任意變形工
具列」中按下「強制」鈕以啟用該功能，就能
夠固定只朝垂直或水平方向變形。
而若是按住 [Ctrl] + [Alt]（[⌘] + [option]），則能讓
對角的角落控制點同步連動。

┌ Memo ┐
「透視扭曲」和「隨意扭曲」可在選擇「任意變形」的狀態下，透過如下的按鍵搭配來達成。而確定完成變形
操作時，請先鬆開滑鼠左鍵，而不是先鬆開所搭配的按鍵。
「透視扭曲」：按下滑鼠左鍵開始拖曳控制點後，立刻按住 [Ctrl] + [Alt]（[⌘] + [option]）+ [shift] 鍵不放，並繼
續拖曳。
「隨意扭曲」：按下滑鼠左鍵開始拖曳控制點後，立刻按住 [Ctrl]（[⌘]）鍵不放，並繼續拖曳。

## ☑ 縮放、旋轉及傾斜變形

點選「任意變形工具列」中的「任意變形」
❿後，拖曳角落的控制點，即可放大、縮小
物件⓫。
而將滑鼠指標移至控制點外側，待滑鼠指標
變成如右圖狀時開始拖曳，則能旋轉物件⓬。
此外，若將上端中央的控制點往右（或左）
拖曳，則能形成傾斜變形效果⓭。

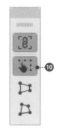

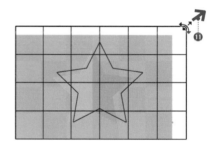

┌ Memo ┐
按下「任意變形工具列」中的「強制」
鈕啟用該功能後，變形效果就會受到如
下的限制。

・放大、縮小時會強制寬高等比例
・旋轉時會以 45 度為單位旋轉
・傾斜變形時只能朝垂直或水平方向
　變形

而在「強制」鈕未被按下的狀態下，按
住 [shift] 鍵也能達到同樣效果。

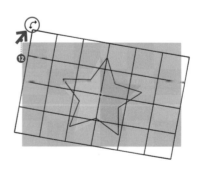

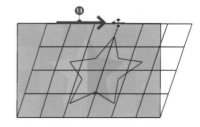

# 3-11 以單一操作分別變形多個物件

將多個物件一起選取起來，然後叫出「個別變形」對話視窗做設定，就能在保持各物件位置不變的狀態下，一次對各個物件進行「縮放」、「移動」、「旋轉」、「鏡射」等處理。

### 「個別變形」對話視窗的用法

在此要分別放大以等間隔配置的多個新芽路徑物件，而這些新芽都已事先轉換成複合路徑（➡p.108）。

01　用「選取」工具 ▶ 將所有的新芽物件都選取起來❶，再執行「物件＞變形＞個別變形」命令❷，叫出「個別變形」對話視窗。

> **Memo**
> 「個別變形」功能是用來針對各個物件進行變形處理的，故要依需求，先行將物件群組化、解散群組，或是轉換成複合路徑。

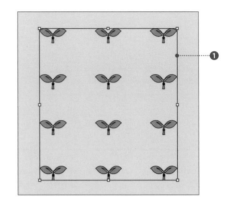

02　勾選「預視」項目❸，以便一邊觀察變形程度一邊進行設定。在此於「縮放」區設定「水平：180%」、「垂直：180%」❹。並將「參考點」設在中央❺。
設定完成後，就按「確定」鈕❻。

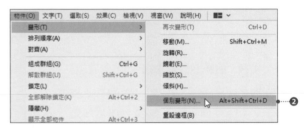

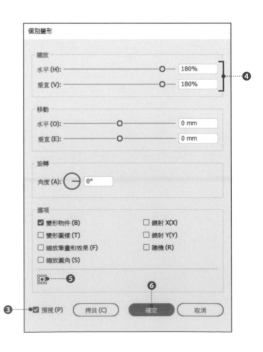

**03** 如此便會套用「個別變形」，分別以各
物件的中心為基準，一次放大所有物
件❼。

● 「個別變形」對話視窗的設定項目

| 項目名稱 | 說明 |
| --- | --- |
| 「縮放」區 | 指定水平、垂直方向的縮放比例。輸入相同值便可維持寬高比例固定。 |
| 「移動」區 | 指定水平、垂直方向的移動距離。 |
| 「旋轉」區 | 在此指定「角度」，各物件就會分別以其參考點為中心旋轉。 |
| 變形物件 | 勾選此項，變形效果就會套用至目前所選的物件。 |
| 變形圖樣 | 勾選此項，變形效果就會套用至目前所選物件的填色圖樣上。 |
| 縮放筆畫和效果 | 勾選此項，則縮放變形時，筆畫和效果也會縮放。 |
| 縮放圓角 | 勾選此項，則縮放變形時，即時矩形和即時多邊形的圓角也會縮放。 |
| 鏡射 X | 啟用、關閉水平及垂直方向的鏡射變形。 |
| 鏡射 Y | |
| 隨機 | 勾選此項，就會在所設定的數值範圍內隨機變形。 |
| 參考點的位置 | 設定各個物件的參考點位置 |

### 🖱️隨機變形

於「個別變形」對話視窗勾選「隨機」項目，
便能在指定值的範圍內隨機「縮放」、「移
動」、「旋轉」多個物件❶。
右圖就是在「縮放」區設定「水平：
150%」、「垂直：150%」，於「移動」區設定
「水平：5mm」、「垂直：5mm」，於「旋轉」
區設定「角度：360°」的結果。

┌ Memo ┌
在有勾選「隨機」項目的狀態下，若勾選「鏡
射 X」、「鏡射 Y」，物件並不會隨機鏡射變形，
而是會全部都套用鏡射變形。

┌─────────────┐
每切換一次「預視」項
目的勾選／取消，隨機
變形的狀態、程度都會
改變。
└─────────────┘

# 3-12　物件的合成（「形狀模式」區）

運用「路徑管理員」面板，便能以單純的路徑物件組合出形狀複雜的路徑物件。

### 「路徑管理員」面板

「路徑管理員」面板是**用來合成、分割多個彼此重疊的路徑物件**，可說是 Illustrator 眾多功能中特別有用的一個。只要能徹底掌握、運用此功能，你就能夠快速繪製出形狀複雜的物件。

執行「視窗＞路徑管理員」命令，便可叫出「路徑管理員」面板。

在「路徑管理員」面板上半部的「形狀模式」區中有 4 種合成按鈕。以下所列的例子，就是將右側的「原始圖形」分別以各按鈕合成的結果。各例中的左圖為未搭配任何按鍵，只單純按下按鈕套用（展開）後的狀態；各例中的右圖則為按住 Alt（option）鍵同時點按按鈕套用，形成複合形狀後的結果。

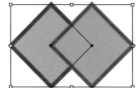
原始圖形

關於「路徑管理員」區的各按鈕，請參考 **p.72** 的說明。

> **Memo**
> 在已選取多個物件的狀態下，「內容」面板中也會顯示出「路徑管理員」面板。

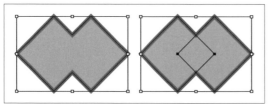

**❶ 聯集**
將多個物件合併成單一物件。合成後的物件會套用最上層物件的「填色」與「筆畫」屬性，以及樣式。

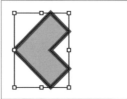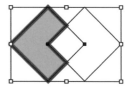

**❷ 減去上層**
用上層物件剪裁下層物件。當有多個物件重疊時，會以最下層的物件為基礎，減去所有在其上層的物件。

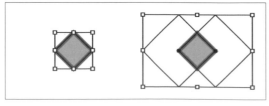

**❸ 交集**
只留下所選物件的重疊部分。合成後的物件會套用最上層物件的「填色」與「筆畫」屬性，以及樣式。

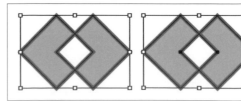

**❹ 差集**
去除所選物件的重疊部分。當有多個物件重疊時，重疊部分的物件數為偶數時會挖除，為奇數時則套用「填色」。

▶ **複合形狀**

「形狀模式」區的 4 種合成按鈕，只要一按下就會立即合成。不過若是按住 Alt（option）鍵同時點按，則能合成為可編輯、釋放（取消合成）的「複合形狀」。

複合形狀可維持物件原本的形狀，但又能像群組物件（➡ p.106）般被視為單一物件來處理。複合形狀一旦釋放，就能恢復為原本的路徑物件，而一旦確定變形結果，也可以展開成一般物件。請依狀況適度加以運用。

### 編輯複合形狀

複合形狀由於保有原本的形狀，故可用「直接選取」工具 ❶分別選取原本的物件，然後進行移動、變形❷。

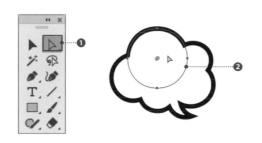

### 分離模式的運用

以「選取」工具 ▶ 雙按複合形狀，工作區域便會切換至「分離模式」❸，在此模式下你可和釋放複合形狀後一樣，分別編輯各個物件❹。

若想離開分離模式，只要以「選取」工具 ▶ 雙按工作區域的空白部分即可❺。

### 展開複合形狀

經由合成所形成的複合形狀，可透過點按「路徑管理員」面板上的「展開」鈕❻，將之展開成一般的物件❼。

> **Memo**
> 一旦「展開」後，就無法恢復。故展開時一定要非常小心。

### 釋放複合形狀

若想釋放複合形狀（取消合成），就在選取該複合形狀的狀態下，選取「路徑管理員」面板選單中的「釋放複合形狀」命令❽。如此便能取消合成，將複合形狀恢復成原本的多個路徑物件❾。

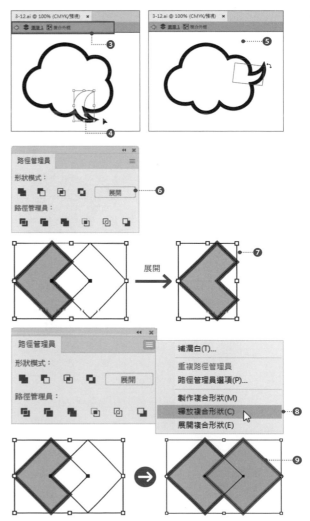

Lesson 3-13
**Workshop**
**#01**

# 用「路徑管理員」面板製作對話泡泡

在此要以對話泡泡的製作為例，解說「路徑管理員」面板的基本用法。只要利用路徑管理員」面板，你就能輕鬆繪製出「對話泡泡」喔！

**用「路徑管理員」面板製作對話泡泡**

為了解說「路徑管理員」面板的基本用法，現在讓我們來製作如右圖的「對話泡泡」。像這樣的圖形，也可用之後將介紹的「鋼筆」工具 ✏ 或「曲線」工具 ✐ 來繪製，但利用「路徑管理員」面板會更輕鬆、簡單。

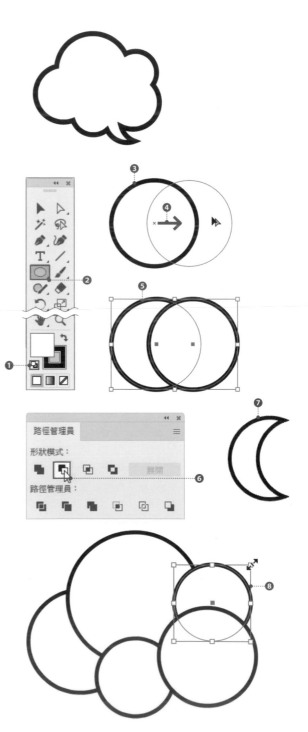

**01** 點按工具列下端的「預設填色與筆畫」鈕❶，將「填色」和「筆畫」設成預設值。

**02** 於工具列選取「橢圓形」工具 ◯ ❷，在工作區域中按住 shift 鍵拖曳描繪出任意尺寸的正圓形❸。接著改用「選取」工具 ▶ ，按住 shift + Alt（ shift + option ）鍵如右圖般拖曳剛剛繪製的正圓形❹，即可朝水平方向複製出一個正圓❺。

**03** 用「選取」工具 ▶ 將兩個正圓形都選取起來，再按「路徑管理員」面板上的「減去上層」鈕❻。
如此便能以上層的正圓剪裁下層的正圓，形成如右圖的新月形路徑物件❼。

**04** 再度於工具列選取「橢圓形」工具 ◯ ，按住 shift 鍵不放在工作區域中拖曳繪製，這次要畫 5 個正圓形，並配置成如右圖狀。請在此階段將圓的大小及位置等調整妥當❽。

┌ **Memo** ┐
調整圓形的大小時，請按住 shift 鍵拖曳邊框上的控制點。

05 將步驟 03 所完成的新月形物件，移動配置到 5 個正圓的下端❾。這時你應已能看出，這個新月形就是對話泡泡的吐出端。

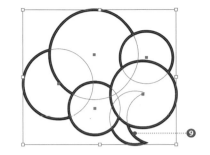

06 用「選取」工具 ▶ 選取所有物件，再按住 Alt（option）鍵不放，以滑鼠點按「路徑管理員」面板中的「聯集」鈕❿。

如此一來，所選物件便會合成為如右圖的複合形狀⓫。

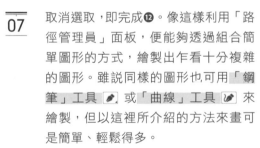

> **Memo**
> 按住 Alt（option）鍵並以滑鼠點按「聯集」鈕，便會建立出可釋放及重新編輯的「複合形狀」（➡ p.69）。

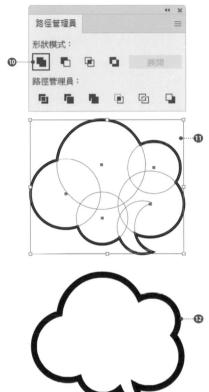

07 取消選取，即完成⓬。像這樣利用「路徑管理員」面板，便能夠透過組合簡單圖形的方式，繪製出乍看十分複雜的圖形。雖説同樣的圖形也可用「鋼筆」工具 ✐ 或「曲線」工具 ✐ 來繪製，但以這裡所介紹的方法來畫可是簡單、輕鬆得多。

08 將製作好的對話泡泡與其他物件做一些搭配組合，還可創作出如右圖般的圖稿作品呢⓭。

# 3-14 物件的合成（「路徑管理員」區）

Illustrator 在「路徑管理員」面板的「路徑管理員」區中，提供了 6 種合成按鈕。只要記住各按鈕的功能特性，便能實現變化多端的各種合成處理。

## 「路徑管理員」面板

執行「視窗＞路徑管理員」命令，便可叫出「路徑管理員」面板。

而在「路徑管理員」面板下半部的「路徑管理員」區中，共有 6 種合成按鈕。

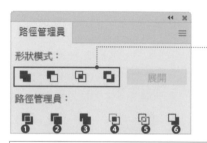

關於「形狀模式」區的各按鈕，請參考 p.68 的說明。

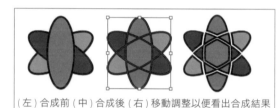

（左）合成前（中）合成後（右）移動調整以便看出合成結果

### ❶ 分割

物件重疊的部分會被分割。最上層的物件會留下，重疊部分的路徑會被刪除。若上層物件套用了漸層或圖樣，則下層物件會被分割，但不會被刪除。

（左）合成前（中）合成後（右）移動調整以便看出合成結果

### ❸ 合併

會刪除被上層物件重疊到的部分，並且合併鄰接或重疊的相同「填色」物件。所有「筆畫」都會被刪除，變成「筆畫：無」。

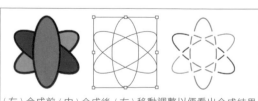

（左）合成前（中）合成後（右）移動調整以便看出合成結果

### ❺ 外框

所有選取物件都會被分割，並設為「填色：無」，「筆畫」則會被設為「填色」的顏色。重疊蓋住的部分會套用上層物件的「填色」顏色。「筆畫」物件會被設為「筆畫：無」，或是套用「填色」的顏色。

### ❷ 剪裁覆蓋範圍

會刪除被上層物件重疊到的部分。所有「筆畫」都會被刪除，變成「筆畫：無」。

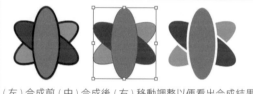

（左）合成前（中）合成後（右）移動調整以便看出合成結果

### ❹ 裁切

會刪除最上層物件以外的區域。而在最上層物件的內部區域，會以除最上層物件外的其他物件進行「剪裁覆蓋範圍」處理，並刪除最上層物件。所有「筆畫」都會被刪除，變成「筆畫：無」。

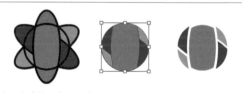

（左）合成前（中）合成後（右）移動調整以便看出合成結果

### ❻ 依後置物件剪裁

與最上層物件重疊的部分，會被下層物件剪裁掉，而未重疊的下層物件部分也會被刪除。

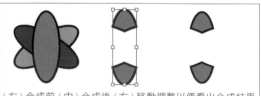

（左）合成前（中）合成後（右）移動調整以便看出合成結果

# 「路徑管理員選項」的設定

點開「路徑管理員」面板的選單，選擇「路徑管理員選項」命令❶，便可叫出「路徑管理員選項」對話視窗。

而在「路徑管理員選項」對話視窗中可設定以下各項目。

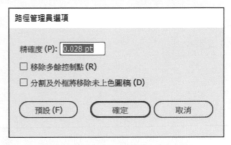

● 「路徑管理員選項」的設定項目目

| 項目名稱 | 說明 |
|---|---|
| 精確度 | 設定較小的值，便能執行更精準的合成處理。值若設得很大，合成時曲線可能會歪曲變形。 |
| 移除多餘控制點 | 刪除以「路徑管理員」面板上的各按鈕合成路徑物件時所產生的多餘控制點。詳見下述。 |
| 分割及外框將移除未上色圖稿 | 勾選此項目，無填色的圖稿便會被刪除。 |

## 移除多餘控制點

為如下的原始圖形套用「形狀模式」區的「聯集」功能❷，一般會形成如❸的狀態，但若有勾選「移除多餘控制點」的話，則可像❹將多餘的控制點刪掉。

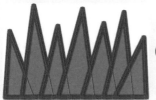

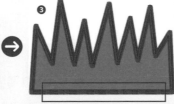

移除多餘控制點

## 分割及外框將移除未上色圖稿

為如右圖的原始圖形套用「分割」功能，各路徑便會被分割，形成中央部分為「填色：無」、「筆畫：無」的路徑❺。

這種路徑不容易被看到，故須特別注意。為了避免之後發生不小心套用到「填色」之類的麻煩，一般會建議勾選「分割及外框將移除未上色圖稿」項目以刪除之。

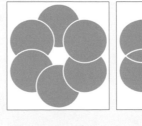

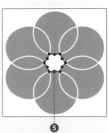

Lesson 3-15
Workshop
#02

# 製作光的三原色圖

在此要運用「路徑管理員」面板上「路徑管理員」區中的各項功能,來製作「光的三原色圖」。
其完成圖乍看有些複雜,但其實做起來意外地簡單喔。

### 「路徑管理員」功能的使用範例

在此我們要製作如右的「光的三原色圖」,以做為「路徑管理員」功能的使用範例。只看其完成圖可能會覺得有些複雜,但做起來其實意外地簡單。

**01** 點按工具列的「預設填色與筆畫」鈕 ❶,將「填色」和「筆畫」設為預設值。

**02** 於工具列選取「橢圓形」工具 ◉ ❷,在工作區域中點一下。這時會彈出「橢圓形」對話視窗,設定「寬度:60mm」、「高度:60mm」後 ❸,按「確定」鈕 ❹。
如此便會畫出直徑 60 公釐的正圓形 ❺。

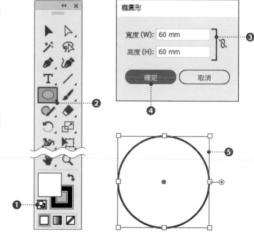

**03** 在已選取正圓形物件的狀態下,點選工具列上的「選取」工具 ▶ ❻,然後按 Enter（Return）鍵。

**04** 這時會彈出「移動」對話視窗,請勾選「預視」項目 ❼,設定「水平:30mm」、「垂直:0mm」❽,再按「拷貝」鈕 ❾。
這樣就會如右圖,於原本的正圓形右側複製出一個正圓形 ❿。

> **Memo**
> 也可用「選取」工具 ▶,按住 Alt（option）鍵不放並拖曳目標物件的方式來複製。若是適合以直覺的拖曳操作複製,而非如此例須精準指定數值來複製的情況,這種做法會比較方便。

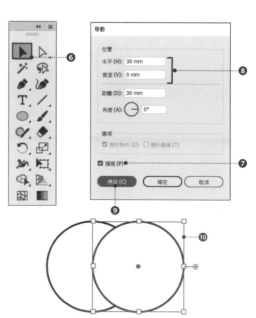

**05** 用「選取」工具 ▶ 點選左側的路徑
物件後，再次按下 Enter（Return）鍵，
叫出「移動」對話視窗。
這次不設「水平」、「垂直」，而是設定
「距離：30mm」、「角度：60°」⓫後
，按「拷貝」鈕⓬來複製物件⓭。
你也可像這樣指定角度和移動距離，
讓 Illustrator 自動替你算出水平、垂直
距離。

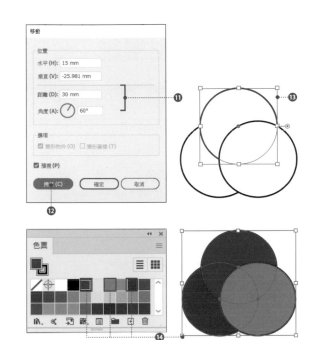

**06** 叫出「色票」面板，為各物件分別套
用「CMYK 紅色」、「CMYK 綠色」、
「CMYK 藍色」的色票⓮。

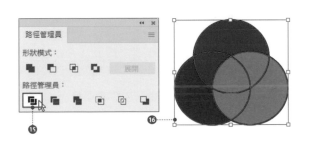

**07** 用「選取」工具 ▶ 選取所有路徑物
件，再按下「路徑管理員」面板的「分
割」鈕⓯。
這時重疊的路徑物件就會被分割⓰。

> **Memo**
> 若分割時，所選物件的「填色」是套用漸層或
> 圖樣色票，分割的結果就不會一樣。在此例中，
> 我們為物件套用的「填色」為純色。

**08** 分割後的所有路徑物件會被群組起來
（➡ p.106）。
於工具列點選「直接選取」工具 ▷
或「群組選取」工具 ▷ ⓱，然後點
選分割出的物件，並從「色票」面板
分別為各物件套用如下的顏色。

- ▶ 「CMYK黃色」
- ▶ 「CMYK青色」
- ▶ 「CMYK洋紅色」
- ▶ 「白色」

最後將所有物件都設為「筆畫：無」，
即完成⓲。

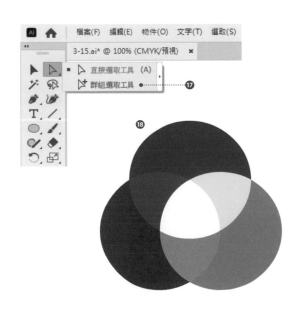

Lesson 3-16
Workshop
#03

# 繪製櫻花

在此要運用「路徑管理員」面板和「旋轉」工具 來繪製櫻花圖案。其中，使用「旋轉」工具 時的參考點設定方法可廣泛應用於各種情境，故請務必牢記。

## 01

於工具列選取「橢圓形」工具 ❶，在工作區域中拖曳繪製出如右圖的橢圓形物件❷。然後在「顏色」面板中為此物件做如下的顏色設定。

- 「填色：C=10 M=50 Y=0 K=0」
- 「筆畫：無」

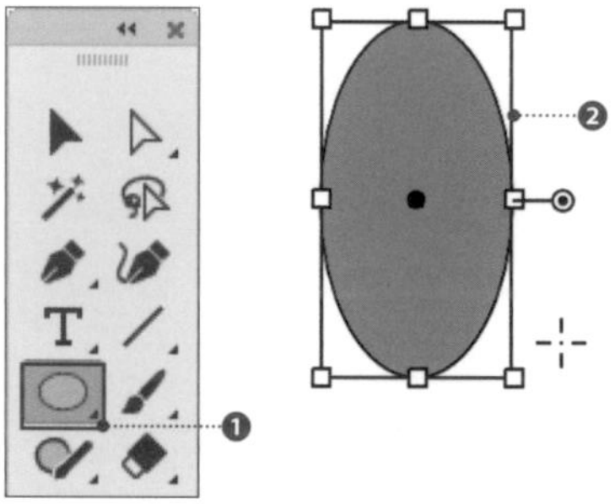

## 02

於工具列選取「錨點」工具 ❸，如右圖將滑鼠指標移到橢圓形上端的錨點處點一下❹，將之從平滑錨點轉換成尖角錨點，於是其形狀便會從圓弧形變成尖突形。
然後對下端錨點也做同樣處理❺。

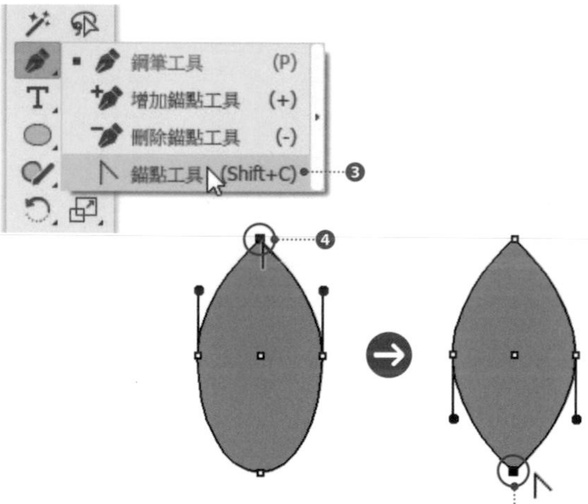


點按錨點，就能把平滑錨點轉換成尖角錨點。

**Memo**
關於平滑錨點及尖角錨點的說明，詳見 p.81。

## 03

於工具列點選「選取」工具 ，按住 Alt（option）+ shift 鍵，如右圖將花瓣朝上方拖曳❻，接著先鬆開滑鼠左鍵，再鬆開 Alt（option）和 shift 鍵。這樣就能複製出如右圖的花瓣❼。

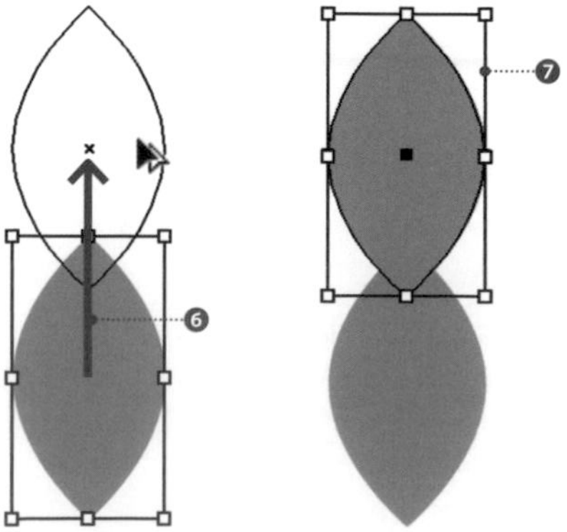

**04** 以「選取」工具 ▶ 將兩個物件一同選取起來❽，再按「路徑管理員」面板的「減去上層」鈕❾。如此便能做出如右圖的櫻花花瓣形狀❿。

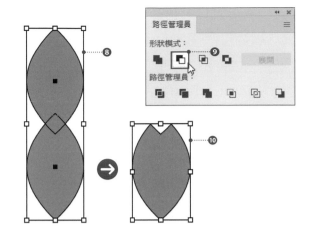

**05** 確認選單列的「檢視＞智慧型參考線」以及「檢視＞靠齊控制點」命令都已勾選。

> **Memo**
> 關於「智慧型參考線」和「靠齊控制點」，請參考 **p.39** 的説明。

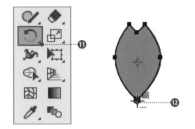

**06** 以「選取」工具 ▶ 選取花瓣物件後，於工具列點選「旋轉」工具 ↻ ⓫，再將滑鼠指標移至花瓣下端的錨點處。待顯示出「錨」字時⓬，就按住 Alt（ option ）鍵點一下。

**07** 此時會彈出「旋轉」對話視窗，設定「角度：72°」後⓭，按「拷貝」鈕⓮以旋轉並複製⓯。

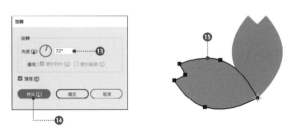

**08** 執行「物件＞變形＞再次變形」命令⓰，重複執行剛剛做的變形操作⓱。繼續再按 Ctrl（ ⌘ ）＋ D 鍵 2 次，反覆執行處理，做出共 5 片櫻花花瓣，即大功告成⓲。

> **Memo**
> 圓一圈為 360 度，要畫 5 片花瓣的話，每畫一片就要旋轉 360÷5=72 度。

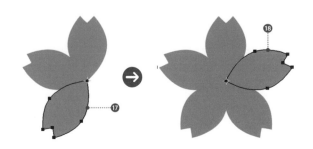

# 3-17 以「即時尖角」功能來改變轉角形狀

利用「即時尖角」功能，你便能操作「尖角 Widget」，以直覺化的方式來變形轉角形狀。另外也能夠指定圓角的半徑數值，精準地變形轉角。

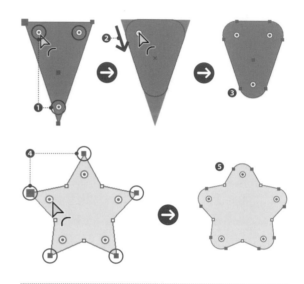

## 變形轉角的形狀

以「直接選取」工具 ▷ 選取物件後，路徑物件的轉角處就會顯示出「尖角 Widget」❶。將此尖角 Widget 朝物件中心拖曳❷，就能將轉角變形成圓角狀❸。

## 只變形選定的轉角

若點選任意錨點，就只有該錨點所在的轉角會顯示出尖角錨點❹，而拖曳該轉角的尖角Widget，就能單獨變形該轉角❺。

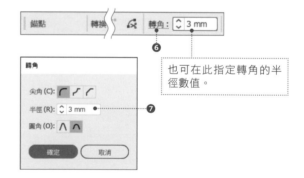

## 在「轉角」對話視窗中指定數值

雙按尖角 Widget，或是點按控制列上的「轉角」字樣❻，都可叫出「轉角」對話視窗。你可在此設定轉角的半徑數值❼。

變形至最大值時，會顯示出紅色參考線，表示無法變形至更大角度。

| 錨點 | 轉換 | 轉角： ⌄ 3 mm |
| --- | --- | --- |

❻

也可在此指定轉角的半徑數值。

---

| Memo |
你可執行「檢視＞顯示尖角 Widget」（或「檢視＞隱藏尖角 Widget」）命令來切換尖角 Widget的顯示／隱藏。另外還可執行「編輯＞偏好設定＞選取和錨點顯示」（Mac 為「Illustrator ＞偏好設定＞選取和錨點顯示」）命令，來指定隱藏尖角 Widget 的角度。

**轉角**

尖角 (C): ⌐ ⌐ ⌐

半徑 (R): ⌄ 3 mm ━━━━ ❼

圓角 (O): Λ Λ

確定　取消

---

**實用的延伸知識！** ▶ **切換轉角的形狀種類**

轉角的形狀共有「圓角」、「反轉的圓角」及「凹槽」3 種❶，可用「轉角」對話視窗中的各個按鈕來切換。另外也可按住 Alt（option）鍵點按尖角 Widget，這樣就能依序切換 3 種轉角形狀。

**轉角**

尖角 (C): ⌐ ⌐ ⌐ ━━ ❶

半徑 (R): ⌄ 3 mm

圓角 (O): Λ Λ ━━ ❷

確定　取消

「圓角」　「反轉的圓角」　「凹槽」

「圓角」可選擇感覺較自然的「相對」（左側），以及精準反映半徑值的「絕對」（右側）這兩種❷。

# Lesson · 4

Drawing and Editing of Path Objects.

# 路徑的描繪與編輯

路徑的基本結構與各式各樣的編輯功能

本章將仔細解說精通 Illustrator 必不可少
的「路徑」基本知識，以及描繪路徑時所
用的「鋼筆」等工具。「鋼筆」可說是
Illustrator 為數眾多的工具中，最重要的
工具之一。

# Lesson 4-1 了解路徑的基本結構

路徑是 Illustrator 最重要的元素之一。因此若想要充分活用 Illustrator，就必須徹底理解路徑的基本結構。

## 路徑的組成元素

所謂的路徑，是指以前述「矩形」工具 、「橢圓形」工具 、「多邊形」工具 ，以及後述「鋼筆」工具 等繪製出之「線段」及「路徑物件」的總稱。

路徑是由以下這些元素構成。

▶ 錨點
▶ 控制把手
▶ 線段

其中控制把手又包含**方向線**與**方向點**這兩個元素，詳見右圖。

而路徑的形狀取決於以下各要素。

▶ 錨點的位置
▶ 控制把手的方向與長度

因此，只要拖曳操作這些要素，我們就能夠自由變形路徑。

## 封閉路徑與開放路徑

路徑物件有「**封閉路徑**」和「**開放路徑**」兩種。

**封閉路徑**是指所有錨點都被線段封閉、連接在一起的路徑物件。以「矩形」工具 及「橢圓形」工具 等繪製的路徑物件，就屬於封閉路徑。

而**開放路徑**則是指具有末端端點、就圖形而言不呈現封閉狀態的路徑物件。以「線段區段」工具 及「弧形」工具 等繪製的路徑物件，就屬於開放路徑。

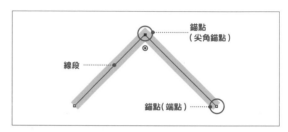

如上這個只由直線構成的路徑物件，便包含 3 個錨點和 2 段直線線段。

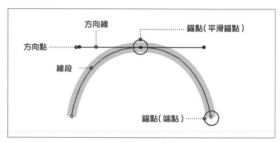

上面這個半圓形的曲線路徑物件，則包含 3 個錨點和 2 段曲線線段，還有控制把手（方向線與方向點）。

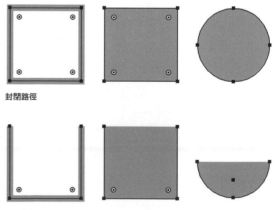

**封閉路徑**

**開放路徑**

> **Memo**
> 在錨點內側會顯示出可變形路徑物件之轉角形狀的「尖角 Widget」（➡ **p.78**）。

### 何謂平滑錨點

錨點又分為「**平滑錨點**」和「**尖角錨點**」兩種。

**平滑錨點**會將線段視為「連續曲線」，平滑地連接起來。其控制把手的方向線會朝錨點的兩端直線延伸❶。若以「直接選取」工具 ▷ 拖曳控制把手的方向點，相反側的方向點也會隨之移動，而曲線的形狀就會改變。

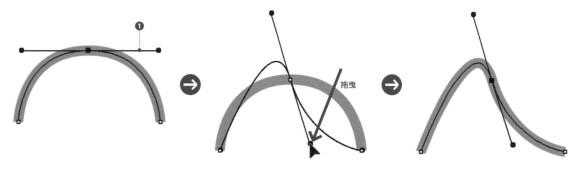

### 何謂尖角錨點

**尖角錨點**會使路徑的方向大幅改變，它可連接直線線段，也可連接曲線線段。以「直接選取」工具 ▷ 拖曳其控制把手的方向點時❶，只有被拖曳那端的控制把手會動❷。

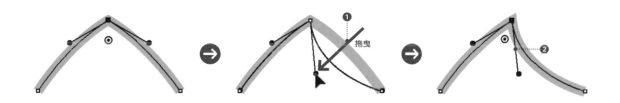

---

| 實用的延伸知識！ | ▶ **尖角錨點的種類** |

尖角錨點共有❶「無控制把手的尖角錨點」、❷「僅單側有控制把手的尖角錨點」、❸「兩側都有控制把手的尖角錨點」這 3 種。

無控制把手的尖角錨點　　僅單側有控制把手的尖角錨點　　兩側都有控制把手的尖角錨點

# 4-2 「鋼筆」工具的基本操作與貝茲曲線

「鋼筆」工具是用來描繪路徑物件的工具，為 Illustrator 最重要的工具之一，一定要學起來。

## 何謂貝茲曲線

為了能畫出平順的曲線，Illustrator 採用了在電腦繪圖領域中被廣泛運用的「**貝茲曲線**」。貝茲曲線是以多個控制點為基礎，透過計算公式來描繪線條。而在 Illustrator 中，這些控制點就是前述的「**錨點**」及「**控制把手**」等元素（➡ **p.80**）。

「鋼筆」工具 ✐ 就是描繪貝茲曲線的工具。所有圖形、插畫都是以直線及曲線所組合成的，而使用此工具，你就能夠描繪出直線、曲線、圓弧等各種形狀的線條。

精通 Illustrator 並不需要懂得貝茲曲線的計算公式，但必須理解錨點及控制把手等的操作方法，還有這些元素與所描繪曲線之間的關係、特性。

## 描繪直線

要用「鋼筆」工具 ✐ 描繪直線時，請依如下步驟操作。另外本節在示範時已先執行了「檢視 > 顯示格點」命令，讓格點顯示出來。

**01** 於工具列選取「鋼筆」工具 ✐ ❶，在控制列設定「填色：無」、「筆畫：任意顏色」、「筆畫寬度：任意寬度」。

**02** 在工作區域中連續點按任兩處❷，就能畫出連結該兩點的直線。而按住 shift 鍵描繪的話，則能以 0 或 45 度的固定角度畫出直線。

**03** 繼續點按第 3 處，再畫出一條直線❸。

**04** 最後將滑鼠指標移至起點，待指標右側出現小小的圓圈時❹，再點按一下，便可將路徑封閉起來，形成封閉路徑❺。

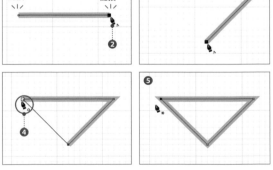

一旦將路徑封閉，描繪便會結束。若不想封閉路徑，而是要在開放路徑的狀態下結束描繪，那就按住 Ctrl（⌘）鍵不放在工作區域中的任意處點一下即可。

### 描繪曲線

要用「鋼筆」工具 ✐ 描繪曲線時，請依如下步驟操作。

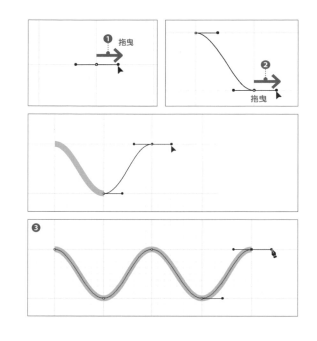

01　將滑鼠指標移至「**希望的曲線起點處**」，然後按下滑鼠左鍵並往「**想描繪曲線的方向**」拖曳❶，這樣就會以錨點為中心，朝兩側延伸出控制把手。

02　再將滑鼠指標移至「**曲線的大小及方向改變處**」，按下滑鼠左鍵往「想描繪曲線的方向」拖曳❷，這樣就畫出了一條曲線。

03　繼續這樣的步驟順序，就能畫出如右圖的波浪線❸。
　　而拖曳時若按住 [shift] 鍵不放，則能將控制把手的角度固定為 0 或 45 度。

### 描繪從直線變曲線的線條

要描繪從直線變曲線的線條時，請依如下步驟操作。

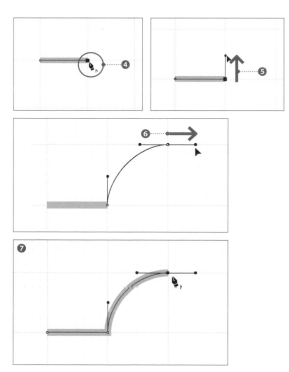

01　先點按兩處畫出直線，然後將滑鼠指標移至要從直線變曲線的錨點上，待指標變成如右圖狀時❹，按下滑鼠左鍵往「**想描繪曲線的方向**」拖曳，拉出控制把手❺。

02　繼續再將滑鼠指標移至「**曲線的大小及方向改變處**」，按下滑鼠左鍵拖曳❻，便能畫出從直線變曲線的線條❼。

> ┌Memo┐
> 雖然這裡介紹了曲線的基本畫法，但其實你最好本著「學習不如習慣」的精神，實際嘗試動手操作「鋼筆」工具 ✐ 比較好。而描繪曲線的訣竅就在於，「要在鬆開滑鼠左鍵前開始拖曳以拉出控制把手」。

### 描繪從曲線變直線的線條

要描繪從曲線變直線的線條時，請依如下步驟操作。

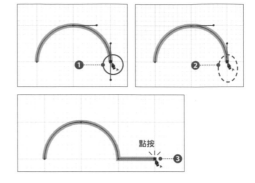

**01** 描繪曲線後，將滑鼠指標移至要從曲線變直線的錨點上，待指標變成如右圖狀時❶，點一下。該錨點另一側的控制把手就會消失❷。

**02** 接著點按另一處❸，便能畫出從曲線變直線的線條。

### 改變曲線的方向以畫出另一段曲線

若要改變曲線的方向以畫出另一段曲線，請依如下步驟操作。

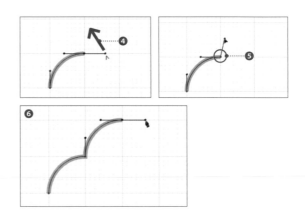

**01** 描繪一段曲線後，按住 [Alt]（[option]）鍵不放，拖曳想改變方向的控制把手❹，這樣就能將該錨點從平滑錨點切換成尖角錨點❺。

**02** 繼續將滑鼠指標移至「**曲線的大小及方向改變處**」，按下滑鼠左鍵拖曳❻，就能夠改變曲線的方向畫出另一段曲線了。

---

**實用的延伸知識！** ▶ 「鋼筆」工具的各種指標圖示

前面介紹了「鋼筆」工具 ✒ 的各種用法，但不知各位有沒有注意到，在進行各種操作時，「鋼筆」工具的滑鼠指標圖示會出現如下圖的各種變化。「鋼筆」工具 ✒ 會隨著操作內容不同，暫時改變圖示，或是切換成其他工具。若能記住操作內容與工具的關係，用起來就會很方便喔。

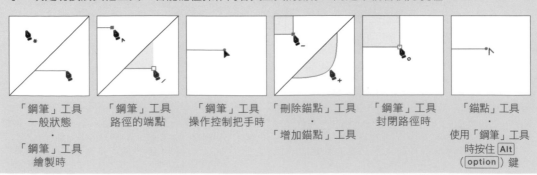

「鋼筆」工具一般狀態・「鋼筆」工具繪製時　　　「鋼筆」工具路徑的端點　　　「鋼筆」工具操作控制把手時　　　「刪除錨點」工具・「增加錨點」工具　　　「鋼筆」工具封閉路徑時　　　「錨點」工具・使用「鋼筆」工具時按住 [Alt]（[option]）鍵

# 4-3 錨點的增加與刪除

雖然前一節已介紹過「鋼筆」工具的基本用法，不過在習慣之前，要一次畫出完美的路徑是很困難的。通常都是先畫出大概的路徑，然後再慢慢修改、調整。

## ✍ 編輯路徑的工具

要編輯已繪製出的路徑時，會使用以下這些工具。

- ▶「增加錨點」工具 🖋
- ▶「刪除錨點」工具 🖋
- ▶「錨點」工具 �（→ p.87）
- ▶「直接選取」工具 ▷ ❷（→ p.86）

❶

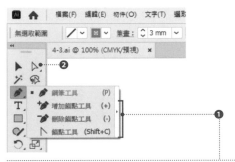

❶

這些工具也可在工具列中選取，但就像本節所介紹的，藉由「鋼筆」工具 🖋 的操作來切換會更為方便。

### ☑ 增加錨點

將「鋼筆」工具 🖋 移至被選取物件的線段上時，就會自動切換為「增加錨點」工具 🖋 ❸。而在此狀態下於路徑上點按，就能增加錨點❹。

### ☑ 刪除錨點

將「鋼筆」工具 🖋 移至被選取物件的錨點上（除端點外）時，就會自動切換為「刪除錨點」工具 🖋 ❺。而在此狀態下於錨點上點按，就能刪除該錨點❻。

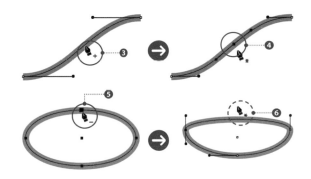

> **┌ Memo ┐**
> 用「選取」工具 ▶ 選取路徑物件後，執行「物件 > 路徑 > 增加錨點」命令，就能均等地在所有錨點之間增加錨點。

---

**實用的延伸知識！** ▶ 以「直接選取」工具操作錨點～ Part 1 ～

用「直接選取」工具 ▷ 選取錨點後，控制列和「內容」面板便會顯示出「移除選取的錨點」鈕❶。點按此鈕，目前選取的錨點就會被刪除。右圖便是按住 shift 鍵不放，用「直接選取」工具 ▷ 點選多個錨點後❷，再刪除錨點的結果❸。

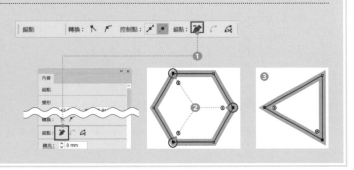

Lesson 4 | 路徑的描繪與編輯

# 4-4 錨點的基本操作

在此要解説與錨點有關的基本操作。為了能夠隨心所欲地變形、編輯路徑物件，你必須學會錨點的操作方法。

## 選取錨點

要選取錨點時，請先於工具列點選「直接選取」工具 ▷ ❶，再點按錨點❷或是拖曳框選錨點❸。

被選取的錨點會呈現為填滿顏色的實心狀，而沒被選取的錨點則呈現為白色空心狀。

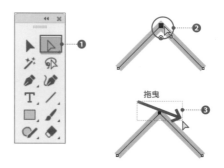

## 移動錨點

要移動錨點時，就用「直接選取」工具 ▷ 拖曳移動目標錨點即可❹。

若按住 Shift 鍵拖曳，則能以 45 度為單位固定錨點的移動角度。

## 對齊錨點

要對齊錨點時，請先選取多個錨點，再於「對齊」面板指定對齊方式。

若要同時選取多個錨點，除了可按住 shift 鍵一一點選外，也可用拖曳框選的方式選取❺。

本例是指定「水平齊右」鈕❻，故所選錨點會對齊於右側❼。

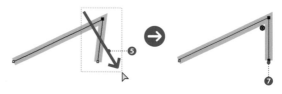

「對齊」面板的詳細用法請參考 p.104。

---

Memo

使用「對齊」面板對齊錨點時，若是按住 shift 鍵逐一點選錨點，而不是以拖曳框選的方式選取多個錨點，則最後點選的錨點就會是對齊時的基準。

### 📎 轉換為平滑錨點

要將尖角錨點轉換為平滑錨點時，請用「錨點」工具 ﹀ 按住尖角錨點拖曳 **8**，這樣就能轉換成平滑錨點 **9**。

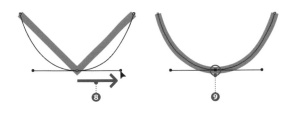

### 📎 轉換為尖角錨點

要將平滑錨點轉換為尖角錨點時，請用「錨點」工具 ﹀ 點一下平滑錨點 **10**，這時錨點兩側的控制把手就會消失，變成尖角錨點 **11**。

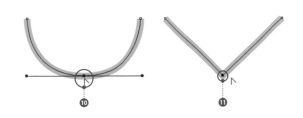

> **Memo**
>
> 在使用「鋼筆」工具 ✍ 的狀態下按住 Alt（option）鍵，就能暫時切換為「錨點」工具 ﹀。
> 而在使用其他工具的狀態下按住 Ctrl（⌘）鍵，則能暫時切換為「選取」工具 ▶、「直接選取」工具 ▷、「群組選取」工具 ▷ 之中**在工具列上最後一個用到的工具**。因此使用「鋼筆」工具 ✍ 時，先在工具列點選一次「直接選取」工具 ▷ 會很方便。這樣就能利用 Ctrl（⌘）鍵來輕鬆切換「鋼筆」工具 ✍ 和「直接選取」工具 ▷。

---

**實用的延伸知識！** ▶ 以「直接選取」工具操作錨點～ Part 2 ～

用「直接選取」工具 ▷ 選取錨點後，按住 Alt（option）鍵拖曳控制把手，平滑錨點就會轉換為尖角錨點，你可以只拉動所拖曳的那一側的控制把手 **1**。

另外以「直接選取」工具 ▷ 選取錨點後，控制列與「內容」面板便會顯示出**將選取的錨點轉換為尖角**和**將選取的錨點轉換為平滑**鈕 **2**。而下圖便是示範選取多個平滑錨點 **3**，然後利用控制列的按鈕將它們一舉轉成尖角錨點 **4**。

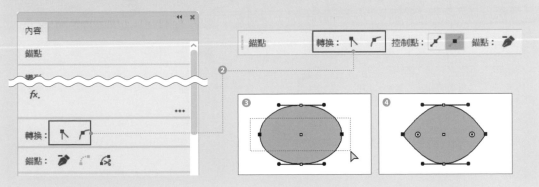

Lesson 4 ｜ 路徑的描繪與編輯

87

# 4-5 合併路徑

執行「合併」命令，就能將開放路徑的端點錨點，或是不同開放路徑的路徑物件連接、合併起來。

## 合併兩個開放路徑

欲合併兩個不同開放路徑的路徑物件時，先用「直接選取」工具 ▷ 選取要連接的雙方端點❶，再執行「物件＞路徑＞合併」命令即可❷。

這時所選的兩個錨點便會被直線連接起來，變成一個開放路徑的路徑物件❸。

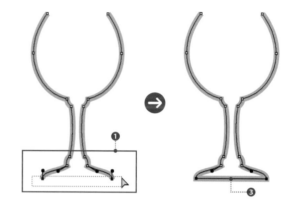

| 快 速 鍵 |
| --- |
| 路徑的合併 |
| Win：Ctrl + J    Mac：⌘ + J |

**Memo**

欲同時選取多個錨點（端點）時，可用「直接選取」工具 ▷ 拖曳框選目標端點，或是按住 shift 鍵逐一點選。

## 合併開放路徑的端點

欲合併開放路徑的端點時，先用「選取」工具 ▶ 點選整個路徑物件❹，再執行「物件＞路徑＞合併」命令即可。

這時分開的端點錨點就會被直線連接起來，形成封閉路徑❺。

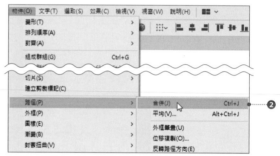

**Memo**

當目標路徑物件為開放路徑（➡ p.80）時，並不需要明確地選取欲連接的兩個端點。因為每個開放路徑都一定只有兩個端點，故只要用「選取」工具 ▶ 點選物件，再執行「合併」命令，Illustrator 就會直接用直線連接兩個端點。

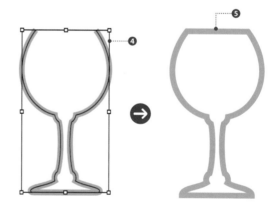

### 使用「合併」工具 ✂️ 來連接

只要使用「合併」工具 ✂️，就能以簡單的操作方式連結、合併兩個路徑物件。

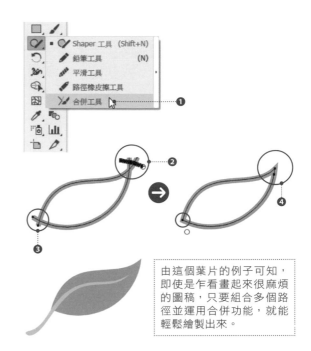

**01** 於工具列選取「合併」工具 ✂️ ①，然後拖曳經過兩個路徑交錯、岔出的部分②③。

**02** 這時拖曳經過的路徑就會被連接、合併起來④。

> 由這個葉片的例子可知，即使是乍看畫起來很麻煩的圖稿，只要組合多個路徑並運用合併功能，就能輕鬆繪製出來。

---

**實用的延伸知識！ ▶ 對齊合併於水平、垂直方向的中央**

以「直接選取」工具 ▷ 選取兩個分離的端點①，然後輸入以下的快速鍵，就能將這兩個端點對齊合併於水平、垂直方向的中央②。

Win：Ctrl + Alt + shift + J
Mac：⌘ + option + shift + J

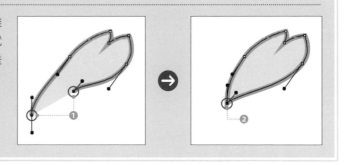

---

**實用的延伸知識！ ▶ 以「直接選取」工具操作錨點～ Part 3 ～**

用「直接選取」工具 ▷ 選取兩個路徑的端點，然後點按控制列或「內容」面板上的「連接選取的端點」鈕①，也可以連接、合併路徑端點。
而點選「在選取的錨點處剪下路徑」鈕②，還可用所選錨點來切斷路徑③。

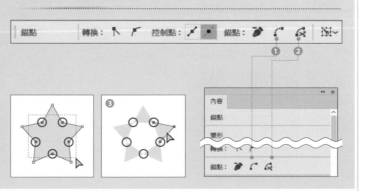

# 4-6 「曲線」工具的用法

使用「曲線」工具 ✐，你就能以比「鋼筆」工具 ✐ 更直覺的操作方式，輕鬆畫出曲線路徑。
而且此工具支援觸控裝置。

## 使用「曲線」工具的準備工作

欲使用「曲線」工具 ✐ 時，請先於工具列
點選「曲線」工具 ✐ ❶，再到控制列設定「填
色：無」，而「筆畫」的顏色和「筆畫寬度」
可任意設定。

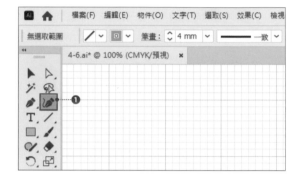

## 繪製圓形

欲使用「曲線」工具 ✐ 畫圓時，請依如下
步驟操作。另外本節在示範時已先執行了「檢
視＞顯示格點」命令，讓格點顯示出來。

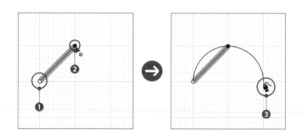

**01** 用「曲線」工具 ✐ 點按❶處，
然後再點按❷處。
接著將滑鼠指標移到❸處，則會顯示
連結各點的「橡皮筋」預視線條。

**02** 點按❹處，就能繪製出如橡皮筋預視
線條的路徑❺。
繼續點按❻處後，將滑鼠指標移到❼
處。
這時滑鼠指標會變成如右圖狀❽，在
此狀態下點按，便可封閉路徑。

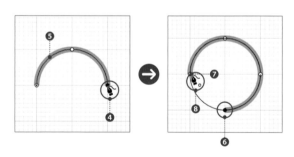

**03** 就像這樣，只是依序點按 4 處，便能
畫出一個漂亮的圓❾。

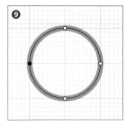

> **Memo**
> 這裡所説的「橡皮筋」，是一種即時預測將繪製
> 的形狀，並將之顯示出來以供預視的功能。「鋼
> 筆」工具 ✐ 和「曲線」工具 ✐ 都會顯示這種
> 橡皮筋預視線條。

### 繪製波浪線

**01** 以「曲線」工具 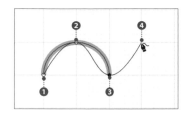 逐一點按❶❷❸處，便能畫出半圓形。
接著將滑鼠指標移到❹處，則❶❷之間和❷❸之間的橡皮筋線條形狀就會改變。

**02** 繼續點按❹❺❻處，即可畫出由平滑曲線連接而成的波浪線。

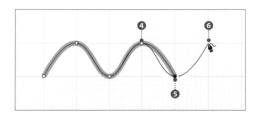

### 繪製直線

**01** 以「曲線」工具 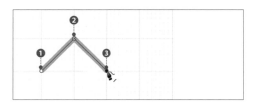 點按❶處，再按住 Alt（option）鍵點按❷處。而❸處也是按住 Alt（option）鍵點按。

**02** 接著在❹❺❻處也都按住 Alt（option）鍵點按，就能畫出以直線連接而成的線條了。

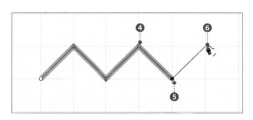

### 切換曲線與直線

以「選取」工具 ▶ 選取用「曲線」工具 ✏
繪製的路徑，再用「曲線」工具 ✏ 雙按❶處的錨點。

則該尖角錨點就會轉換成平滑錨點，使線條變成圓弧形❷。

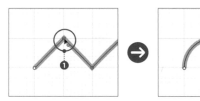

---

**實用的延伸知識！ ▶ 用「曲線」工具編輯路徑**

你可利用「曲線」工具 ✏ 直接編輯正在繪製中的曲線，不必切換其他工具。

欲更改已繪製的錨點的位置時，就把滑鼠指標移到目標錨點上，直接拖曳移動。

而欲增加錨點時，則將「曲線」工具 ✏ 移至線段上，待滑鼠指標呈現為❶狀時，點按線段，這樣就能於點按處增加錨點❷。

若要刪除錨點，則是點選欲刪除的錨點後，按 Delete（BackSpace）鍵即可。

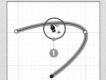
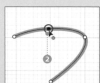

# Lesson 4-7　了解「筆畫」的基礎知識

就如前面已説明過的，Illustrator 中的路徑物件具有「填色」與「筆畫」兩個主要屬性。而在此就要為各位詳細解説「筆畫」的部分。

## 「筆畫」面板

路徑物件的「筆畫」寬度及形狀，可用「筆畫」面板來設定❶。故在此執行「視窗 > 筆畫」命令，叫出「筆畫」面板來進行解説。

> 以「選取」工具 ▶ 選取路徑物件後，點按顯示在控制列或「內容」面板中的「筆畫」字樣，也能叫出「筆畫」面板（如下圖所示）。

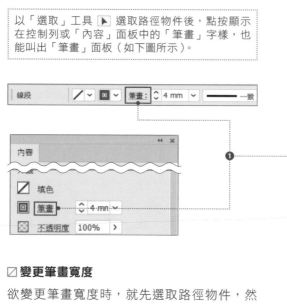

### ☐ 變更筆畫寬度

欲變更筆畫寬度時，就先選取路徑物件，然後於「寬度」欄位設定任意數值❷。另外也可點按該欄位的上下箭頭鈕來變更寬度❸。

### ☐ 變更端點形狀

所謂的端點，就是「**開放路徑的末端錨點**」，而端點的形狀可用3種「端點」按鈕來設定❹。

#### ● 「端點」的種類

| 種類 | 說明 |
|------|------|
| 平端點 | 預設值，路徑的末端即為筆畫的末端。 |
| 圓端點 | 端點呈半圓形，筆畫會從路徑末端延伸出一個半圓的形狀。 |
| 方端點 | 端點呈方形，筆畫會從路徑末端延伸出相當於筆畫寬度一半的長度。 |

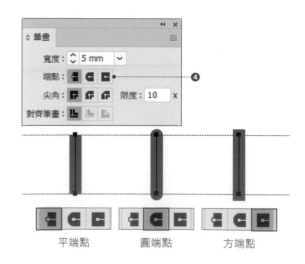

平端點　　　圓端點　　　方端點

### ☑ 使筆畫的轉角呈尖角或圓角狀

所謂的轉角，是指「**路徑改變方向的部分**」（尖角 錨點），而轉角的形狀可用 3 種「尖角」按鈕來設定**⑤**。

● 「尖角」的種類

| 種類 | 說明 |
|------|------|
| 尖角 | 預設值。<br>筆畫的轉角處會呈現尖起的形狀 |
| 圓角 | 筆畫的轉角處會呈現圓弧狀 |
| 斜角 | 筆畫的轉角處會呈現像被削平的形狀 |

尖角　　　　　　圓角　　　　　　斜角

### 🔲 設定尖角的限度

「**尖角**」形狀的轉角在角度太小（尖）時，會自動切換成「斜角」。若希望維持尖角形狀，可透過「限度」設定來達成**①**。

「限度」是指從「尖角」切換為「斜角」的比例，預設值為「限度：10」，代表當尖起部分的長度為筆畫寬度的「10 倍」時，就會自動從「尖角」切換為「斜角」。

右圖是在每格 5 公釐的參考格線上，觀察「寬度：5mm」的筆畫設為不同尖角限度的結果。

中間的筆畫設定為「尖角：尖角」、「限度：10」。雖設定為尖角，但由於尖角的長度達到 50 公釐以上，超過了筆畫「寬度」的 10 倍，所以會自動切換成「斜角」**②**。

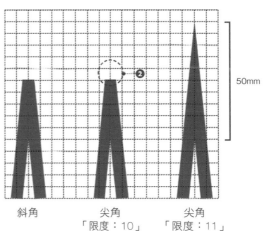

斜角　　　　　　尖角　　　　　　尖角
　　　　　　「限度：10」　　「限度：11」

### 🔲 將筆畫的位置設定在路徑的內側或外側

筆畫的位置可用 3 種「對齊筆畫」按鈕來設定**③**。但開放路徑、複合形狀，以及即時上色群組不能設定此項目。

● 「對齊筆畫」的種類

| 種類 | 說明 |
|------|------|
| 筆畫置中對齊 | 預設值。筆畫會以路徑為中心，突出於兩側。 |
| 筆畫內側對齊 | 筆畫會對齊路徑內側 |
| 筆畫外側對齊 | 筆畫會對齊路徑外側 |

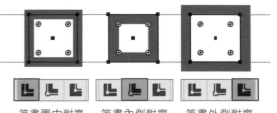

筆畫置中對齊　　筆畫內側對齊　　筆畫外側對齊

## Lesson 4-8 虛線的正確製作方式

虛線可用於各式各樣的圖稿製作,是通用性很高的一種圖案。因此 Illustrator 提供了製作虛線的功能,讓你能輕鬆做出各種形狀的虛線。

### ■ 繪製虛線

虛線的設定是在「筆畫」面板中進行。以「選取」工具 ▶ 選取「填色:無」、「筆畫:黑」的物件❶,再於「筆畫」面板勾選「虛線」項目❷,「虛線」欄位就會自動被設定數值,此時會以該值為「虛線」及「間隔」的值,形成反覆連接兩者的虛線❸。

### ■ 繪製各式各樣的虛線

「虛線」欄位設定的是實線的長度,而「間隔」欄位設定的則是實線與實線之間的空格長度❹。

若只在「虛線」欄位輸入數值,沒在「間隔」欄位輸入數值「間隔」便會自動套用「虛線」的值。

搭配組合不同的「寬度」、「虛線」、「間隔」及「端點的形狀」設定,就能像右圖那樣製作出各式各樣的虛線。

### ■ 設定虛線選項

設定虛線選項,就能夠使虛線對齊❺。
點選左側圖示,會精準反映「虛線」與「間隔」的設定值❻。
而點選右側圖示,則會自動調整「虛線」與「間隔」的設定值,使虛線的實線部分對齊於轉角或路徑的端點❼。

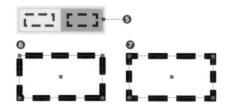

「寬度:1mm」、「端點:圓端點」、「虛線:0mm」、「間隔:1mm」

「寬度:1mm」、「端點:圓端點」、「虛線:0mm」、「間隔:3mm」

「寬度:1mm」、「端點:圓端點」、「虛線:4mm」、「間隔:4mm」

「寬度:1mm」、「端點:平端點」、「虛線:12mm」、「間隔:1.5mm」、「虛線:3mm」、「間隔:1.5mm」

---

**實用的延伸知識!** ▶ **利用「筆刷資料庫」來製作虛線**

虛線除了可於「筆畫」面板的「虛線」區設定外,也可利用「筆刷資料庫」中的筆刷來套用、製作❶。

執行「視窗>筆刷資料庫>邊框>邊框_虛線」命令,便可叫出「邊框_虛線」面板,你可於其中選取欲套用的筆刷(關於筆刷的說明,詳見 p.158)。

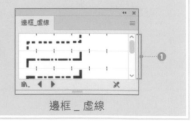

邊框_虛線

# 4-9 製作各式各樣的箭頭圖案

Lesson

箭頭和前述的虛線一樣,是通用性極高的圖案之一,在做簡報文件時也經常會用到。而使用 Illustrator,你就能做出各種形狀的箭頭圖案。

## 製作箭頭圖案

欲製作箭頭圖案時,先以「選取」工具 ▶ 選取「填色:無」、「筆畫:黑」的物件❶, 然後於「筆畫」面板上「箭頭」項目的下拉 式選單選擇起點和終點的箭頭形狀❷。預設 有 39 種形狀可選。

組合不同的形狀設定,便能像右圖那樣做出 各式各樣的箭頭圖案❸。

> **Memo**
> 點按❹的按鈕可交換起點與終點的箭頭形狀。 而若想去除箭頭,請選擇「箭頭」下拉式選單 中的「無」。

> **Memo**
> 「縮放」項目是用來設定相對於筆畫寬度的箭 頭大小比例❺。而設定此項目時若啟用右側的 「連結」鈕❻,起點和終點的箭頭大小便會維持 固定比例。

## 調整箭頭的位置

你可在「對齊」項目指定,是要讓箭頭尖端 伸展到路徑終點外,還是讓箭頭尖端對齊路 徑終點❼。

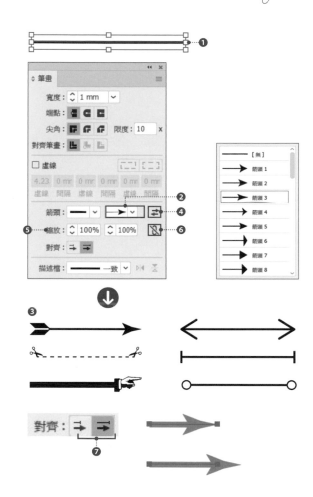

---

**實用的延伸知識!** ▶ **利用「筆刷資料庫」來製作箭頭圖案**

除了上述做法外,箭頭圖案也可利用「筆刷 資料庫」中的筆刷來套用、製作。
要替筆畫套用箭頭型的筆刷時,先執行「視 窗>筆刷資料庫>箭頭」下的命令,叫出想 用的資料庫,再於其中選取欲套用的筆刷即 可(關於筆刷的說明,詳見 **p.158**)。

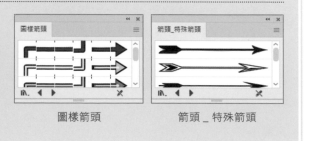

圖樣箭頭　　　　　　箭頭_特殊箭頭

# 4-10 套用變數寬度來替筆畫增添粗細變化

替筆畫套用「變數寬度描述檔」，就能讓筆畫產生粗細變化。另外還可用「寬度」工具，以拖曳操作的方式使筆畫局部變形。

## 套用變數寬度描述檔

想替筆畫套用變數寬度描述檔時，請依如下步驟操作。

**01** 繪製設定為「填色：無」、「筆畫：黑」的路徑後，以「選取」工具 ▶ 選取 ❶，再於控制列的「變數寬度描述檔」選單指定想套用的描述檔 ❷。

**02** 這時，原本從起點到終點寬度都一致的筆畫，就會套用所指定的變數寬度描述檔，呈現出對應的寬度變化 ❸。

> **Memo**
> 變數寬度的最寬部分會等於筆畫的「寬度」設定。因此「寬度：1pt」的筆畫即使套用了「變數寬度描述檔」，也可能完全看不出任何變化。遇到這種情況時，請將筆畫的「寬度」設得粗一些。

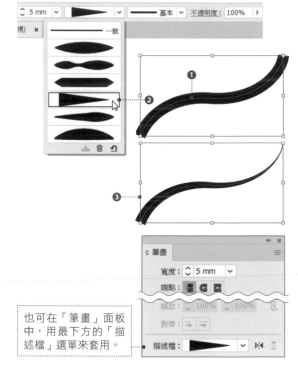

## 用「寬度」工具來變形筆畫

使用「寬度」工具，便能以直覺的拖曳操作方式來變形筆畫寬度。請依如下步驟操作。

**01** 將「填色：無」、「筆畫：黑」的物件配置於工作區域後，在工具列上選取「寬度」工具 ❶。
這時把滑鼠指標移到物件上，指標所在處便會出現菱形的點 ❷。

**02** 將滑鼠指標移到筆畫上想加粗的位置，直接朝外側拉曳，則被拉曳的部分就會變粗 ❸。

這樣的筆畫叫做「具有變數寬度的筆畫」，而這種筆畫包含以下元素。

▶ 寬度點
▶ 寬度點的控制點

也可在「筆畫」面板中，用最下方的「描述檔」選單來套用。

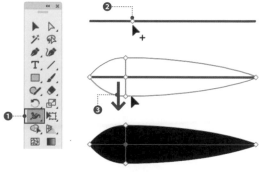

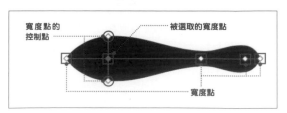

具有變數寬度的筆畫，其形狀是由「寬度點」和「寬度點的控制點」的位置所決定。

### 編輯寬度點及其控制點

你可用「寬度」工具 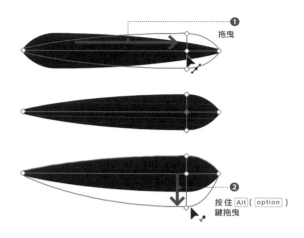 直接按住所加入的寬度點拖曳，以改變其位置❶。

按住 Alt（option）鍵拖曳寬度點的控制點，可變形筆畫的單側寬度❷。還可搭配下表所列的按鍵，做出各式各樣的變形效果。

若要刪除寬度點，就以「寬度」工具 點選寬度點後，按 Delete（BackSpace）鍵即可刪除。

● 「寬度」工具的操作與按鍵搭配

| 工具操作與按鍵搭配 | 作用說明 |
| --- | --- |
| 按住 shift 鍵拖曳寬度點的控制點 | 改變寬度點所在處的筆畫寬度，且相鄰寬度點的寬度也會隨之改變。 |
| 按住 Alt（option）鍵拖曳寬度點的控制點 | 只變形單側寬度 |
| 按住 shift + Alt（option）鍵拖曳寬度點的控制點 | 只變形單側寬度，且會使相鄰寬度點的單側寬度也隨之改變。 |
| 按住 shift 鍵點按寬度點 | 選取多個寬度點 |
| 按住 shift 鍵拖曳寬度點 | 依相對比例同時移動多個寬度點 |
| 按住 Alt（option）鍵拖曳寬度點 | 複製寬度點 |

### 以指定數值的方式編輯寬度點

用「寬度」工具 雙按欲編輯的寬度點，便會彈出「寬度點編輯」對話視窗，而你可在此對話視窗中以指定數值的方式編輯該寬度點。

將「邊框 1」和「邊框 2」設為不同值，就可把筆畫的兩側變形為不同寬度。

而勾選「調整相鄰的寬度點」項目，便能同時自動變形相鄰的寬度點，做出以平滑曲線相接的筆畫形狀。

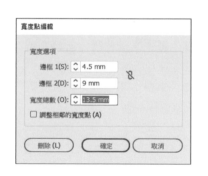

---

**Memo**

你所製作的具有變數寬度的筆畫，可儲存為「變數寬度描述檔」。其儲存方法如下。先用「選取」工具 ▶ 選取具變數寬度筆畫的物件，然後在控制列或「筆畫」面板點開「變數寬度描述檔」選單，點按其中的「加入描述檔」鈕即可❶。

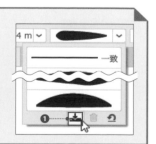

# 4-11 為物件套用多種筆畫

利用「外觀」面板來操作外觀屬性，你就能在一個物件上套用多種「填色」及「筆畫」。而且還能改變「填色」與「筆畫」的堆疊順序呢。

## 基本外觀

在 Illustrator 中繪製的物件，預設會套用 1 個「填色」和 1 個「筆畫」，稱為「**基本外觀**」。選取物件後觀察「外觀」面板的內容會看到，物件的屬性會依其堆疊順序由上而下列出❶。若要為物件設定多個「筆畫」，請依如下步驟操作。

**01** 用「選取」工具 ▶ 選取套用了基本外觀的物件❷，再於「外觀」面板將「筆畫」拖曳至「填色」下方❸。

**02** 這時「筆畫」就會被「填色」遮住，導致「筆畫」只顯示出一半的寬度（粗細）❹。筆畫的寬度並未改變，只是被「填色」的範圍擋住，以至於看不到在路徑內側的筆畫罷了。

接著點選「筆畫」屬性❺，然後點按面板左下方的「新增筆畫」鈕❻。

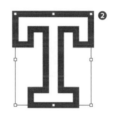

**03** 在原本的「筆畫」屬性上方，會出現一個設定值相同的新「筆畫」❼。

**04** 點選下方的「筆畫」，將其「寬度」加粗，並用「顏色」面板更改上、下兩個「筆畫」的顏色（本例還更改了「填色」的顏色）❽，如此便能做出具有雙重框線的物件❾。

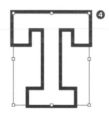

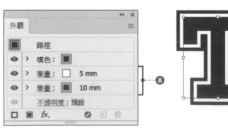

---

**Memo**

在「外觀」面板中，你可點按各部分叫出各種其他面板來編輯各種屬性。

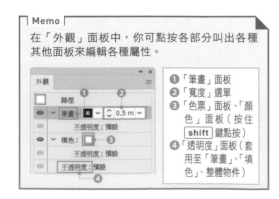

❶「筆畫」面板
❷「寬度」選單
❸「色票」面板、「顏色」面板（按住 shift 鍵點按）
❹「透明度」面板（套用至「筆畫」、「填色」、整體物件）

# 4-12 將「筆畫」轉換成「填色」物件

針對套用了「寬度」及「尖角」等設定的「筆畫」，執行「外框筆畫」命令，就能將「筆畫」轉換成「填色」物件，以進行輪廓部分的路徑編輯。

### 執行「外框筆畫」命令

欲將「筆畫」轉換成「填色」物件時，請依如下步驟操作。不過此範例特別以「直接選取」工具 ▷ 來選取物件，目的是為了讓你能更清楚地看出路徑形狀。

01 以「選取」工具 ▶ 選取套用有「筆畫」設定的物件❶，然後執行「物件 > 路徑 > 外框筆畫」命令。

02 這時「筆畫」就會被外框化，轉變成「填色」物件❷。
而一旦執行外框化處理，原本「筆畫」的資訊就會全部消失。

03 若是針對「填色」與「筆畫」都設定了顏色的物件執行「外框筆畫」命令❸，其「筆畫」會被外框化並轉換成「填色」物件，而原本的「填色」部分會被堆在下層，建立為只有「填色」的物件，且這兩個物件會被群組在一起。將該群組解散後，便能如右圖般分別選取這兩個獨立物件❹。

| Memo |
套用了「虛線」、「箭頭」設定的筆畫以及「具有變數寬度的筆畫」等，也都能在維持外觀不變的狀態下，轉換成「填色」物件。

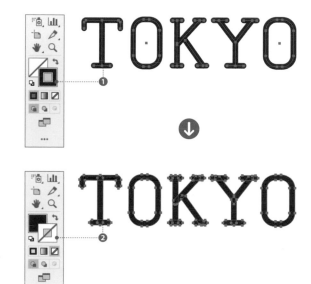

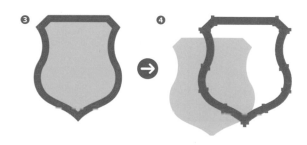

### 實用的延伸知識！ ▶ 擴充外觀

像左頁那種編輯過外觀屬性、套用了多個「筆畫」的物件❶，若是要將其「筆畫」外框化，你必須先執行「物件 > 擴充外觀」命令，再執行前述的「外框筆畫」命令❷。

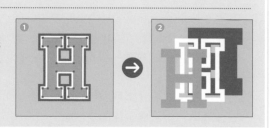

Lesson 4 路徑的描繪與編輯

Lesson 4-13
**Workshop**
**#04**

# 繪製裝飾用的緞帶圖案

在此要示範的「裝飾用緞帶圖案」雖然形狀單純，但若只用「鋼筆」工具 ✐ 繪製的話，著實有點難度。本例將運用多種功能來繪製，請注意觀察這些功能的搭配組合方式。

**01** 點按工具列下方的「預設填色與筆畫」鈕，將「填色」和「筆畫」設為預設值❶。選取「矩形」工具 ▣ ❷，在工作區域中點一下。
於彈出的「矩形」對話視窗設定「寬度：18mm」、「高度：15mm」後❸，按「確定」鈕，繪製出長方形物件❹。

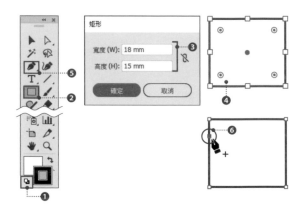

**02** 在工具列選取「鋼筆」工具 ✐ ❺，如右圖於線段上點按❻，以增加錨點。

**03** 點選「直接選取」工具 ▷ ，然後拖曳框選路徑物件左側的 3 個錨點❼。
按下「對齊」面板的「垂直依中線均分」鈕❽。
這時剛剛新增的錨點就會被移到該線段的中央❾。

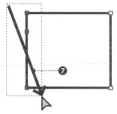
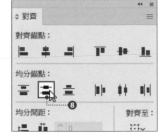

**04** 用「直接選取」工具 ▷ 點選被移至線段中央的錨點，再按 Enter （ Return ）鍵叫出「移動」對話視窗。
設定「水平：6mm」、「垂直：0mm」後❿，按「確定」鈕⓫，該錨點就會往右移動 6 公釐⓬。

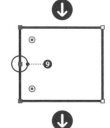
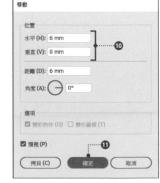

**05** 再度於工具列點選「矩形」工具 ▣，繪製「寬度：60mm」、「高度：15mm」的長方形，並配置成如右圖狀⓭。
接著暫且取消其選取狀態（用「選取」工具點一下工作區域的空白處）。

**06** 執行「檢視＞智慧型參考線」命令以
啟用「智慧型參考線」。
在工具列點選「鋼筆」工具 ✐ 後，
如右圖於疊在上層的長方形轉角錨點
上點一下，繪製出一個三角形物件⓮。

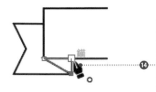

**07** 用「選取」工具 ▶ 選取一開始畫的物
件和三角形物件⓯⓰，接著於工具列選
取「鏡射」工具 ▷◁，再將滑鼠指標如
右圖移至長方形物件的中心處，待顯示
出「中心點」字樣時⓱，就按住 Alt
（option）鍵點一下，此時會彈出「鏡
射」對話視窗。

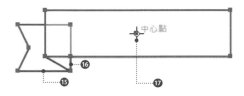

**08** 點選「垂直」項目後⓲，按「拷貝」
鈕以複製所選物件⓳。

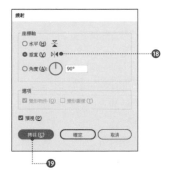

**09** 複製出的物件會位於最上層，故緊接
著執行「物件＞排列順序＞移至最後」
命令⓴，將之配置於最下層㉑。

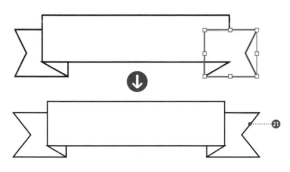

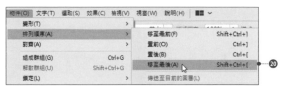

**10** 以「選取」工具 ▶ 選取所有物件，
將「填色」和「筆畫」分別設定為如
卜的值，並於「筆畫」面板設定「寬度：
1mm」、「尖角：圓角」（➡ p.93）㉒。

▶「填色：C=10 M=90 Y=50 K=0」

▶「筆畫：白色」

**11** 在已選取所有物件的狀態下，執行「物
件＞組成群組」命令，將所有物件組
成單一群組。
繼續執行「效果＞彎曲＞弧形」命令
㉓，叫出「彎曲選項」對話視窗來套
用彎曲效果（➡ p.146），即完成㉔。

# 4-14 以「鉛筆」工具進行自由手繪

使用「鉛筆」工具 ，就像以鉛筆在紙張上畫線般，可描繪出自由的手繪線條。若再搭配數位板與感壓筆，就能畫出更細緻的線條。

### 「鉛筆」工具的使用

請依如下步驟來操作「鉛筆」工具 。

**01** 於工具列點選「鉛筆」工具 後 ❶，在工作區域中拖曳。則你所拖曳的軌跡便會形成路徑❷。

**02** 在所描繪的線條處於選取狀態時，從線條的終點開始拖曳，便能夠繼續延伸原本的線條❸。

而若想繪製成封閉路徑，只要在滑鼠指標接近線條起點、當指標右側出現小圓圈圖示時，鬆開滑鼠左鍵以結束繪製❹，該路徑的起點和終點就會連接起來。

> **Memo**
> 於繪製時按住 Alt（ option ）鍵不放，就能朝任意方向畫出直線。

**03** 若欲更改「鉛筆」工具 的各項設定，就雙按工具列上的「鉛筆」工具 圖示，便可叫出「鉛筆工具選項」對話視窗來設定。

### ●「鉛筆工具選項」對話視窗中的設定項目

| 項目 | 說明 |
|------|------|
| 精確度 | 可選擇 5 種不同等級的精確度。選擇「精確」就能畫出最精準的路徑。 |
| 填入新增鉛筆筆畫 | 取消此項，所繪製的路徑會被設為「填色：無」。 |
| 保持選定路徑 | 勾選此項，則畫完線後，該線會保持被選取的狀態。 |
| 切換至平滑工具的 Alt 鍵 | 按住 Alt（ option ）鍵時，「鉛筆」工具會暫時切換為「平滑」工具。 |
| 終點在以下範圍內時關閉路徑 | 勾選此項並指定數值，則當起點和終點的距離在所指定的範圍內時，路徑就會封閉起來。 |
| 編輯選定路徑 | 勾選此項，便能用「鉛筆」工具拖曳修改所選路徑。 |
| 接近度 | 編輯所選路徑時，要在多近的距離內拖曳才能夠修改。 |

# Lesson · 5

Basic Knowledge of Path Objects and Layers.

# 物件的編輯與圖層的
# 基礎知識

要能隨心所欲地完成圖稿的必備知識

本章將詳細解說對齊多個物件、變更堆疊
順序的方法，以及群組化和分離模式等知
識。使用 Illustrator 時，通常都需建立多
個物件、將它們組合、合成，以製作出一
個完整圖稿。

# Lesson 5-1 對齊物件

利用「對齊」面板,便能將多個物件對齊於指定位置,或是將多個物件以等間隔均分配置。另外還能以工作區域為基準來對齊物件呢。

## 📇「對齊」面板的內容

執行「視窗 > 對齊」命令,即可叫出「對齊」面板。

「對齊」面板分為「**對齊物件**」❶、「**均分物件**」❷ 和「**均分間距**」❸ 共 3 區。

而欲排列、對齊物件時,必須先用「選取」工具 ▶ 等選取目標物件❹。

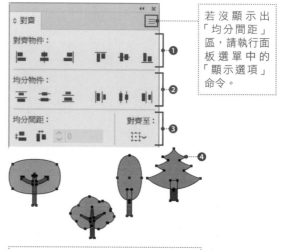

若沒顯示出「均分間距」區,請執行面板選單中的「顯示選項」命令。

> **Memo**
> 一旦選取多個物件,「內容」面板和控制列上也會自動顯示出「對齊」面板的內容。

上圖中的各物件(每一棵樹)都已事先被群組起來了( ➡ p.106)。

### ☑ 對齊物件

欲對齊物件時,就按「對齊物件」區的按鈕。例如按「垂直齊下」鈕,各物件便會對齊於下緣。

### ☑ 以中央為基準均等配置

欲均等配置物件時,就按「均分物件」區的按鈕。例如按「水平依中線均分」鈕,便會以各物件垂直方向的中心線為基準,均等配置各物件。

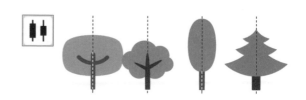

### ☑ 等間隔排列

欲以等間隔排列物件時,就按「均分間距」區的按鈕。例如按「水平均分間距」鈕,便會將各物件朝水平方向等間隔排列。

### 以指定的相同間隔來排列物件

選取多個物件後，再度以「選取」工具 ▶ 點按特定物件，就能將該物件設為「**關鍵物件**」（做為排列基準的物件）。

而一旦設定好關鍵物件，「均分間距」區的「**間距數值**」便會被啟用❶。在此輸入想要的間隔數值後，點按「水平均分間距」鈕❷，便能以指定的間距來均等配置物件。此欄位也可輸入負值。

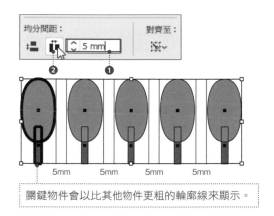

關鍵物件會以比其他物件更粗的輪廓線來顯示。

### 以工作區域為基準來對齊

點開「對齊至」項目下方的選單，選擇「對齊工作區域」❸，然後連續點按「水平居中」鈕與「垂直居中」鈕，所選物件便會被配置在工作區域的正中央❹。

---

**實用的延伸知識！** ▶ **利用「使用預視邊界」功能**

Illustrator 預設是以「路徑的邊框」為基準來進行對齊及均分排列等處理。這時筆畫的「寬度」和「對齊筆畫」所設定的筆畫位置（➡ p.92）都會被忽略。因此若以預設設定對齊筆畫「寬度」很寬的物件，便可能產生如下圖出乎意料的結果❶。

在這種情況下，為了於對齊時將筆畫的「寬度」也納入考量，就要執行「對齊」面板選單中的「使用預視邊界」命令以啟用該功能❷。一旦啟用該功能，物件就不是依「路徑的邊框」對齊，而能夠依「預視邊界」來對齊❸。

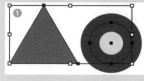

預設是依「路徑的邊框」對齊。

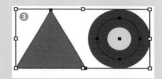

對齊物件時會將筆畫的「寬度」也納入考量。

# 5-2 物件的群組化

Illustrator 能夠將多個物件「群組化」。而多個物件一旦被群組化，就能被視為單一物件來處理。

## 群組化與解散群組

欲將多個物件一起變形或移動時，就要先進行群組化。

### 群組化的操作步驟

要將多個物件組成一個群組時，請先用「選取」工具 ▶ 選取所有目標物件❶，再執行「物件>組成群組」命令❷。

這時所選物件便會被群組化，而群組化後的物件就叫做「群組物件」。

### 解散群組

欲解散群組時，先用「選取」工具 ▶ 選取欲解散的群組物件，再執行「物件>解散群組」命令即可❸。

## 群組物件的顯示

以「選取」工具 ▶ 點選群組物件，便能選取整個群組。

這時叫出「圖層」面板，便會看到裡頭出現了名為「<群組>」的物件❶，而控制列和「內容」面板也會顯示出「群組」字樣❷。

群組物件中還可包含子群組，例如此例便進一步將所有花蕊物件群組化為「花蕊」群組❸，並將所有花瓣物件群組化為「花瓣」群組❹。

## 群組物件的選取

欲選取群組物件內的個別物件時，可使用「群組選取」工具 ▷。其選取範圍會依連續點按的次數不同而改變，以此例來說，連續點按 3 次就能選取整個群組物件。

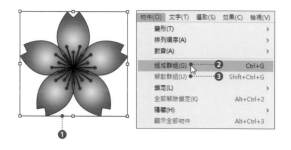

快速鍵

**群組化**
Win：Ctrl + G　Mac：⌘ + G

**解散群組**
Win：Ctrl + shift + G　Mac：⌘ + shift + G

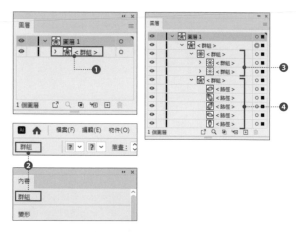

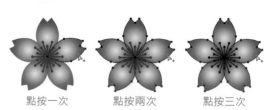

點按一次　　點按兩次　　點按三次

使用「直接選取」工具時，按住 Alt（option）鍵不放，便能暫時切換為「群組選取」工具。

# 5-3 在分離模式中編輯群組物件

要能夠妥善處理群組物件,你就必須了解 Illustrator 中「分離模式」的運作方式。

## 群組物件與分離模式

右圖的例子將「天空與雲」、「大樓群」及「樹木」分別組成了群組。

若是想編輯群組物件中的特定物件,可用「選取」工具 ▶ 雙按群組物件❶,這樣就會進入「**分離模式**」,而文件的標題列下方會出現「分離模式列」,用以顯示目前所編輯物件的名稱,以及該物件在群組中的階層位置❷。

在分離模式中的群組物件,就像是已解散群組般,可分別編輯、處理其中的各個物件。

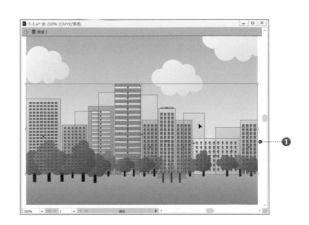

> **Memo**
> 除了編輯中的群組物件外,其他物件都會刷白、淡化顯示,並且自動被鎖定,無法編輯。

> **Memo**
> 於分離模式中再雙按裡頭的子物件,就能進入巢狀結構以編輯其中的子群組物件❸。

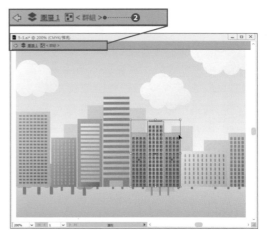

## 結束分離模式

欲離開、結束分離模式時,就用「選取」工具 ▶ 雙按「物件以外的任意空白處」即可。

> **Memo**
> 群組的編輯也能透過「內容」面板進行。
>
> ❹群組化
> ❺解散群組
> ❻分離模式

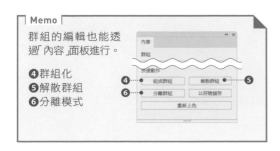

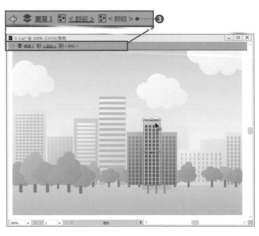

## 5-4 將多個路徑整合為單一路徑

建立複合路徑,就能將重疊的多個路徑,或是未鄰接的多個路徑物件等,整合成單一路徑來處理。

### 建立複合路徑

複合路徑能將多個路徑整合成單一路徑來操作、處理。例如製作單色的 logo 標誌或圖示等圖稿時,又或是進行如右頁的應用時,就會需要建立複合路徑。

在此示範將右圖的燈泡插圖轉換成複合路徑。

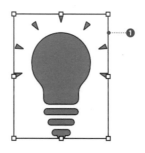

**01** 用「選取」工具 ▶ 選取整個插圖的所有物件❶。

**02** 執行「物件 > 複合路徑 > 製作」命令❷。

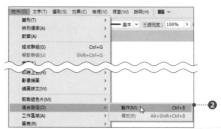

**03** 如此便能將所選路徑轉換成複合路徑。而這時路徑的外觀雖無變化,但在「圖層」面板中可看出,原本各自獨立的「<路徑>」物件,被轉換成了「<複合路徑>」,已整合為單一的路徑物件❸。

**04** 一旦製作成複合路徑,目標物件(由多個路徑所構成的物件)就能被視為單一的路徑物件來選取,進行移動或變更顏色等操作時會得非常方便❹。

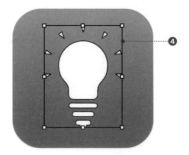

> **Memo**
> 群組化(➡ p.106)也能讓你將多個物件整合成單一物件(群組物件)來處理。
> 但群組化是將路徑、文字、影像等具有個別設定值的物件包在一起,做成一個群組物件。

## 同時剪裁多個路徑

想要同時剪裁多個路徑時，可事先將目標物件製作成複合路徑。

以右圖為例，先將所有花瓣物件選取起來，製作成複合路徑，再將上層的黑色圓圈（路徑）和該複合路徑一起選取①，然後按「路徑管理員」面板的「減去上層」鈕②。

如此便能以上層的黑色圓圈一次剪裁多個物件③。而這種做法就是「複合路徑」的應用之一。

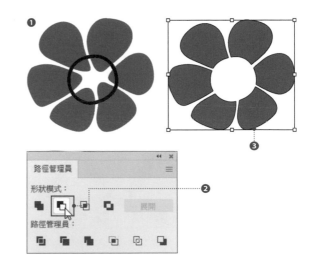

## 將多個路徑製作成剪裁遮色片

由於剪裁遮色片只能用單一路徑來製作，因此若是想將未鄰接的多個路徑做成遮色片來剪裁影像，就必須先將這些路徑轉換成複合路徑。

如右圖，先將上層路徑選取起來，轉換成複合路徑後，以「選取」工具 ► 將上層的複合路徑和下層的影像一起選取④，再執行「物件 > 剪裁遮色片 > 製作」命令，這樣就能替影像套用剪裁遮色片，將上層路徑以外的部份隱藏起來⑤。

---

**實用的延伸知識！** ▶ **物件的剪裁與交集**

將多個重疊的物件製作成複合路徑時，物件重疊的部分會被剪裁掉，形成缺口①。而所製作的複合路徑，會套用最底層物件的顏色及樣式屬性。若是將交疊（部分重疊）的多個物件製作成複合路徑，則交疊（交集）的部分會被剪裁掉，未交集的部分會套用最底層物件的顏色及樣式屬性②。

# 5-5 了解物件的「排列順序」

Illustrator 的物件會依描繪、配置的順序，逐一往上堆疊。而這個堆疊順序，可隨時利用選單列中「物件>排列順序」下的命令來更改。

### 更改排列（堆疊）順序

以右圖為例，其花瓣的堆疊順序不符合設計目標，因此接下來我們就要將其順序變更為理想中的狀態。

用「選取」工具 ▶ 選取欲變更堆疊順序的物件（在此選取「花萼」）❶，然後執行「物件>排列順序>移至最前」命令❷。這時該物件的堆疊順序就會改變，會被配置到最上層。

接著用「選取」工具 ▶ 選取左右兩側的「花瓣」❸，再執行「物件>排列順序>置後」命令。這樣就調整成了理想中的堆疊順序❹。

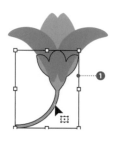

```
快 速 鍵
移至最前                        置前
Ctrl(⌘)+shift+[]            Ctrl(⌘)+[]

移至最後                        置後
Ctrl(⌘)+shift+[[]           Ctrl(⌘)+[[]
```

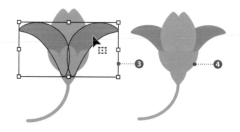

### 利用「圖層」面板來確認順序

物件的堆疊順序也可利用「圖層」面板來確認❺。當圖稿越畫越複雜，就越難看清楚物件的堆疊順序。在這種情況下，請透過「圖層」面板的操作，來確認、變更堆疊順序。

「圖層」面板的操作方法詳見 p.112。

---

**實用的延伸知識！** ▶ 「繪製下層」模式

利用工具列最下方的切換繪製模式按鈕切換至「繪製下層」模式❶，就能將一開始畫的物件維持在最上層，並使之後繪製的物件依序往下堆疊。也就是以和平常相反的順序來堆疊物件。

## Lesson 5-6　圖層的基礎知識

要精通 Illustrator，就一定要懂得「圖層」。圖層具有各式各樣的功能，但在介紹那些功能之前，
我們要先來了解一下「圖層」到底是什麼東西。

### 何謂圖層

圖層就像是透明薄膜般的東西。圖層上不僅
可以有路徑物件，也可以有影像及文字物件
等，所有 Illustrator 能夠處理的物件，都可配置
於圖層上。與圖層有關的操作是在「圖層」
面板中進行。

在 Illustrator 中進行設計或製作圖稿時，幾乎
可說是一定會用到圖層。如右圖，雖然從正
面看起來是一張圖稿，但此圖稿實際上是將
內容分成「標題」、「文字」、「照片」等多個
元素，分別配置在不同圖層中堆疊而成的。
使用 Illustrator 時，通常都會像這樣將不同元
素分別配置在不同圖層上，以便管理。

### 圖層與「排列順序」的差異

前頁所介紹的「排列順序」，也是用來操縱物
件的上下堆疊關係的功能。就此層面而言，
圖層和「排列順序」可說是類似的功能。
這兩種功能分別適合應用於哪些情境會因人
而異，不過基本上依據下表來分別應用就會
很方便了。

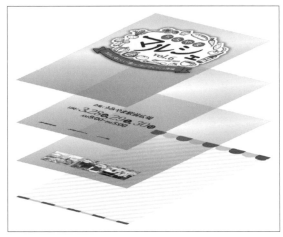

圖層概念示意圖

● 圖層與「排列順序」的差異

| 功能 | 說明 |
| --- | --- |
| 排列順序 | 「排列順序」只能在同一圖層內變更堆疊順序，它無法跨圖層改變堆疊順序。因此，具有上下堆疊關係或關聯性的多個物件，最好能以盡可能小的單位群組化，並配置在同一圖層中，然後以「排列順序」來管理這些物件彼此間的關係。 |
| 圖層 | 當物件彼此間的關聯性較低、可能會替換或移動整個群組物件時，將各物件分別配置於不同圖層的管理方式往往能提高作業效率。 |

Lesson 5　物件的編輯與圖層的基礎知識

## 5-7 圖層的基本操作

各個新增文件預設都只有一個圖層,而你可依狀況於「圖層」面板自行新增圖層,或是將圖稿的各部分分層管理,以便有效率地進行作業。

### 了解「圖層」面板的基本操作

當圖稿越畫越複雜時,就會需要增加圖層,好將圖稿中的同類元素或各部分分層管理。如此便能藉由圖層的顯示/隱藏( ➡ p.114),來鎖定特定圖層中的物件( ➡ p.115),以便快速選取目標物件,有效率地進行作業。與圖層有關的操作都可在「圖層」面板進行,請各位務必牢記圖層的基本操作。

#### ☑ 展開圖層

點按圖層左側的向右箭頭❶,便能展開圖層。展開後,文件內的各物件就會依堆疊順序由上而下顯示❷。

#### ☑ 製作新圖層

點按「製作新圖層」鈕❸,便能在目前所選的圖層上方新增一圖層❹。

#### ☑ 變更圖層的堆疊順序

將想變更堆疊順序的圖層拖曳到你想要的階層位置即可❺。

#### ☑ 圖層的複製/刪除

將圖層拖曳至「製作新圖層」鈕上,便可複製該圖層❻。

若要刪除圖層,則是將欲刪除的圖層拖曳至「刪除選取圖層」鈕,或是選取圖層後按「刪除選取圖層」鈕❼。

#### ☑ 變更圖層的名稱或顏色

雙按圖層縮圖(或是圖層名稱旁的空白處),就會開啟「圖層選項」對話視窗,你可在此變更各設定項目❽。

此外,雙按圖層名稱處則可直接修改圖層名稱。

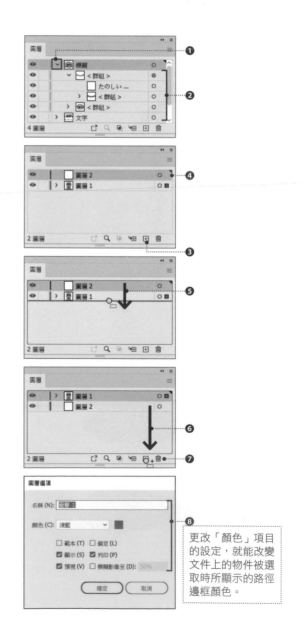

更改「顏色」項目的設定,就能改變文件上的物件被選取時所顯示的路徑邊框顏色。

# Lesson 5-8　將物件移至別的圖層

欲將物件移至別的圖層時，只要選取物件後，將「選取顏色框」拖曳到「圖層」面板上你想移動到的目標圖層去即可。而且可同時移動多個物件喔。

## 分層管理圖稿

在此以如右的圖稿為例，解說「圖層」面板的基本操作。

這份圖稿可大致分為「標題」、「文字」、「照片」、「背景」等共 4 個部分。

先依前頁介紹的操作方式製作新圖層，並更改圖層名稱，接著就依如下步驟將物件分配至各個圖層。

**01** 用「選取」工具 ▶ 選取欲移動至其他圖層的物件❶，然後在「圖層」面板確認該物件目前位於哪個圖層。
所選物件位在的圖層，其選取直欄（位於圖層最右端）會顯示出有色的四方形，亦即「選取顏色框」❷。

**02** 將「選取顏色框」拖曳至想移動到的目標圖層❸。就能將所選物件移到目標圖層。
所移動物件的路徑邊框顏色，會變成目標圖層的「選取顏色框」的顏色❹。
而被移動的物件，會疊在目標圖層中的最上層。

Lesson 5｜物件的編輯與圖層的基礎知識

**Memo**

你不一定要用「選取」工具 ▶ 選取物件，也可直接在「圖層」面板選取物件。

只要展開圖層，然後點按欲選取之＜路徑＞或＜群組＞等物件右側的選取直欄處，則其目標直欄的圖示就會變成雙層的同心圓，同時顯示出「選取顏色框」❺。而文件中的對應物件便會呈現被選取的狀態。

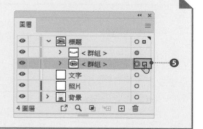

# Lesson 5-9 切換圖層的顯示／隱藏

點按「圖層」面板上的「切換可見度」鈕,便能切換圖層或物件的顯示／隱藏。而你可藉由暫時隱藏圖層或物件的方式,來選取或確認下層物件。

## 切換圖層的顯示／隱藏

點按「圖層」面板上的「切換可見度」鈕,該鈕就會變成空白欄位❶,而該圖層包含的所有物件都會被隱藏起來❷。
若要讓該圖層重新顯示出來,就再點按一次呈現為空白欄位的「切換可見度」鈕。

> **Memo**
> 按住 Alt(option)鍵點按「切換可見度」鈕,則能切換除了所點按圖層以外的所有其他圖層的顯示／隱藏。

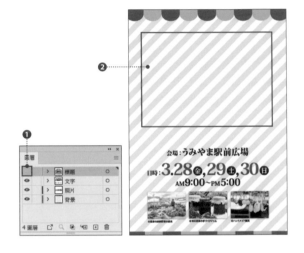

## 隱藏物件

**01** 非用「選取」工具 ▶ 選取想隱藏的物件後❸,執行「物件>隱藏>選取範圍」命令❹。

**02** 如此便會隱藏所選物件❺。而你也可同時選取多個物件來隱藏。
若要讓隱藏的物件再次顯示出來,則執行「物件>顯示全部物件」命令❻。

> **快速鍵**
> 隱藏所選物件／顯示全部物件
> Win: Ctrl + 3 ／ Ctrl + Alt + 3
> Mac: ⌘ + 3 ／ ⌘ + option + 3

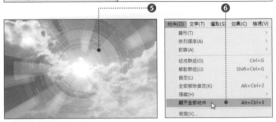

> **Memo**
> 在「圖層」面板展開圖層然後指定隱藏任意物件,和用「選取」工具 ▶ 選取想隱藏的物件後執行「物件>隱藏>選取範圍」命令,是一樣的。
> 執行「物件>顯示全部物件」命令,便能使所有隱藏的物件都顯示出來。

# 5-10 鎖定圖層使之無法選取、編輯

點按「圖層」面板上的「切換鎖定狀態」鈕，就能暫時鎖住圖層或物件，使之無法選取、編輯。

## 鎖定圖層

點按「切換鎖定狀態」鈕（預設為空白欄位），便會顯示出代表鎖定的鎖頭圖示 ❶，這時該圖層包含的所有物件都會變得無法編輯。右圖為選取除鎖定物件 ❷ 以外所有其他物件的樣子。

若要解除鎖定，就點按鎖頭圖示即可。

> **Memo**
> 若有多個圖層，還可在「切換鎖定狀態」鈕上以拖曳的方式切換經過圖層的鎖定與否。

## 鎖定物件

**01** 用「選取」工具 ▶ 選取想鎖定的物件後 ❸，執行「物件 > 鎖定 > 選取範圍」命令 ❹。

**02** 如此便會鎖定所選物件，在解除鎖定之前都無法選取該物件 ❺。而你也可同時選取多個物件來鎖定。

若要解除鎖定，請執行「物件 > 全部解除鎖定」命令 ❻。

=| 快速鍵 |=

**鎖定所選物件／全部解除鎖定**

Win：`Ctrl`+`2` ／ `Ctrl`+`Alt`+`2`
Mac：`⌘`+`2` ／ +`option`+`2`

> **Memo**
> 在「圖層」面板展開圖層然後指定鎖定任意物件，和用「選取」工具 ▶ 選取想鎖定的物件後執行「物件 > 鎖定 > 選取範圍」命令，是一樣的。
> 因此執行「物件 > 全部解除鎖定」命令，便能解除所有物件的鎖定狀態。

## 5-11 將圖層切換為外框顯示

只要將圖層切換為以外框顯示,就能確認或編輯藏在複雜地交錯重疊之物件下層的錨點等。

### 將圖層切換為外框顯示

按住 Ctrl ( ⌘ ) 鍵不放以滑鼠點按「切換可見度」鈕,「切換可見度」鈕就會變成代表外框顯示的圖示 ❶,而該圖層包含的所有物件,都會切換為外框顯示 ❷。

若要恢復為一般的預視狀態,就再次按住 Ctrl ( ⌘ ) 鍵不放並以滑鼠點按「切換可見度」鈕即可。

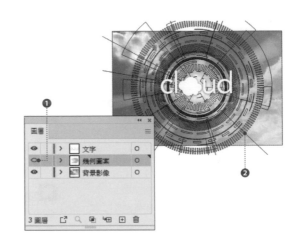

### 將整個文件切換為外框顯示

執行「檢視＞外框」命令 ❸,文件視窗內的所有物件(所有圖層)就都會切換成以外框顯示。

若要恢復為原本的預視顯示狀態,則執行「檢視＞ GPU 預視(或 CPU 預視)」命令 ❹ ( ➡ p.33)。

而你可在文件視窗的檔名右側確認文件目前的顯示模式為何。

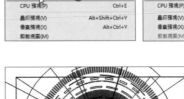

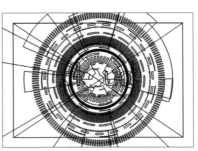

---

**快速鍵**

外框顯示／預視顯示

Win: Ctrl + Y　　Mac: ⌘ + Y

---

**實用的延伸知識!** ▶ **以外框模式顯示影像**

若執行「檔案＞文件設定」命令,叫出「文件設定」對話視窗,勾選其中的「以外框模式顯示影像」項目的話,將文件切換成外框顯示時,配置於文件內的點陣圖就會以黑白雙色調顯示。

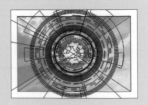

# Lesson 5-12 選取「填色」或「筆畫」顏色相同的物件

利用「選取」選單或「魔術棒」工具 ⚡ 指定與目前所選物件共通的條件，就能有效率地在多個物件中選出目標物件。

## 選取顏色（填色）相同的物件

在此示範如何選取「填色」相同的物件。先用「選取」工具 ▶ 或「直接選取」工具 ▷ 點選一個想選的「填色」的物件❶，然後執行「選取＞相同＞填色顏色」命令❷。

這時，所有「填色」設定和所選物件相同的物件，都會被選取起來❸。

而除了「填色顏色」外，你還可指定以「外觀」、「漸變模式」、「繪圖樣式」、「符號範例」等屬性值為基準來選取物件。

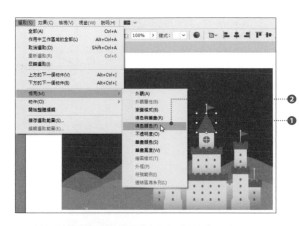

## 用魔術棒工具來指定容許度

「魔術棒」工具 ⚡ 可設定「容許度」，並選取具共通屬性的物件。欲設定「魔術棒」工具 ⚡ 的選項時，請雙按工具列上的「魔術棒」工具 ⚡ 圖示❹，叫出「魔術棒」面板來設定。

於該面板勾選想選取的「屬性」後，依需要設定「容許度」❺。若不需要「容許度」，就將其值設為「0」。

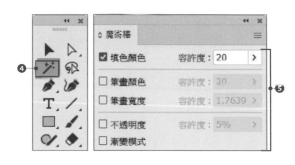

---

**Memo**

所謂的「容許度」，是表示要選取與「魔術棒」工具 ⚡ 所選物件的屬性值「差異在多大範圍內的物件」。
以上例勾選「填色顏色」並設定「容許度：20」的情況來說，若以「魔術棒」工具 ⚡ 點選「填色：C=50 M=0 Y=0 K=0」的物件，則設定值範圍在「填色：C=30～70 M=0～20 Y=0～20 K=0～20」以內的物件，都會被選取。
又若是勾選「不透明度」，並設定「容許度:20」，那麼以「魔術棒」工具 ⚡ 點選「不透明度:50%」的物件時，則設定值範圍在「不透明度：30～70%」以內的物件，都會被選取。

Lesson 5 物件的編輯與圖層的基礎知識

# 透明度平面化

## 透明度平面化

諸如漸變模式及「製作陰影」效果等,在 Illustrator 中,透明度是實現豐富多變之表現時必不可少的重要功能之一。

若文件內有用到透明度相關功能,那麼當要列印輸出或儲存、轉存為不支援透明度的格式時,就必須先進行透明度平面化的處理。而 Illustrator 會自動對整份文件做這項處理。

但若不想要自動一起處理,而是要分別針對特定物件,一邊確認一邊進行透明度平面化的話,請依如下步驟操作。

**01** 以「選取」工具 ▶ 7 點選物件❶,再執行「物件＞透明度平面化」命令,叫出「透明度平面化」對話視窗。

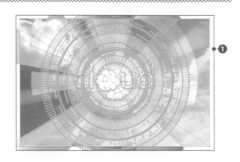

**02** 勾選「預視」項目,以便一邊確認結果一邊設定❷。

選擇「預設集」❸,然後調整「點陣／向量平衡」滑桿。越往「點陣」方向拖曳❹,平面化成影像的比例就越高。

設定好後按下「確定」鈕,所選物件就會被平面化。雖然外觀不變,但觀察「連結」面板便會注意到,所選物件已被平面化並轉換成內嵌影像了❺。

**03** 利用「平面化工具預視」面板,你便能輕鬆模擬哪些部分為透明物件,又被平面化成了什麼樣子。

於該面板更改平面化的設定後,按下「重新整理」鈕❻。

則你在「標示」選單所指定的項目❼,便會顯示為紅色以供你確認❽。

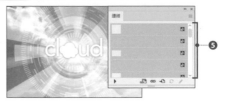

# Lesson · 6

**Setting of Colors and Gradations.**

# 顏色與漸層的設定

## 為物件設定色彩的各種方法與功能

本章將針對 Illustrator 中的兩項物件構成要素－「填色」與「筆畫」，進行基本概念的詳細解說，另外還將介紹替這兩者設定顏色及漸層的方法。在 Illustrator 中，你可用許多不同方式來設定顏色。

# 6-1　了解「填色」與「筆畫」的基本概念

想要精通 Illustrator，及早理解「填色」與「筆畫」的概念可說是非常重要。在進行圖形的繪製操作時，別忘了時時留意「填色」與「筆畫」。

## 基本外觀

在 Illustrator 中，以繪圖類工具建立的路徑物件，預設一定是由一個「填色」和一個「筆畫」所構成。這就叫做「**基本外觀**」。

路徑物件的「填色」與「筆畫」，會分別套用工具列及控制列上的「填色」方塊與「筆畫」方塊所設定的顏色❶❷❸❹。而此顏色隨時可變更。

> **Memo**
> 本書之後會再介紹如何透過「外觀」面板的操作，替基本外觀增加「多個『填色』與『筆畫』」，以及「編輯『不透明度』和『漸變模式』、『效果』等外觀屬性」，不過在那之前，讓我們先好好學會最基本的操作。

## 「填色」與「筆畫」分別可設定哪些顏色

「填色」與「筆畫」除了可設定一般顏色外，也可設定漸層色（→ p.130）及圖樣（→ p.150）❺❻。

而「筆畫」除了可設定顏色外，還有「寬度」和「尖角」、「虛線」等項目可設定。這些都可在「筆畫」面板設定，而「筆畫」面板的用法請見 p.92。

## 「填色」與「筆畫」方塊的所在位置

「填色」與「筆畫」方塊存在於 Illustrator 的許多不同面板中，而且全都同步連動，以便你在最適合目前作業的面板中快速設定兩者。而本書於解說時，主要使用控制列來進行顏色設定。

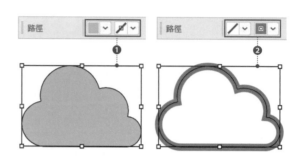

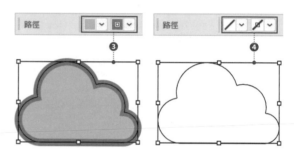

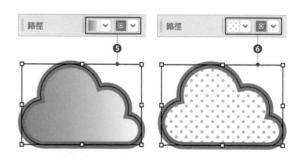

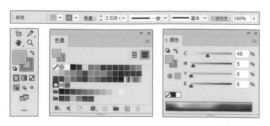

## Lesson 6-2 「顏色」面板的基本操作

路徑物件的「填色」和「筆畫」可在「顏色」面板中指定。而「顏色」面板在所有製作過程中幾乎都會用到,是非常重要的功能之一。

### ■ 用「顏色」面板來設定顏色

以「選取」工具 ▶ 點選物件❶,然後按住 shift 鍵以滑鼠點按控制列上的「填色」或「筆畫」方塊❷,便能叫出「顏色」面板。

於該面板中拖曳各顏色滑桿或直接輸入數值以指定色彩❸。這樣就能一邊檢視物件的顏色變化,一邊設定顏色。

> **Memo**
> 若按住 shift 鍵不放拖曳其中一個顏色滑桿,便能以同比例一起移動其他的顏色滑桿,藉此改變顏色的深淺或亮度。

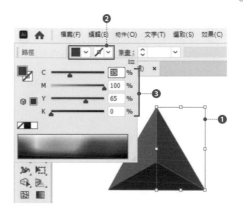

### ■ 用檢色器來設定顏色

雙按工具列或「顏色」面板的「填色」或「筆畫」方塊❹,就會彈出「檢色器」對話視窗。而使用此「檢色器」對話視窗,你便能以更直覺的方式選擇色彩。

首先點按「H(色相)」、「S(飽和度)」、「B(亮度)」、「R(紅色)」、「G(綠色)」、「B(藍色)」的其中一者以選取顏色滑桿❺,然後在顏色滑桿或顏色光譜內點按或拖曳以指定顏色❻。你可比較「原本的顏色」和「新的顏色」❼。確定顏色後就按「確定」鈕❽。

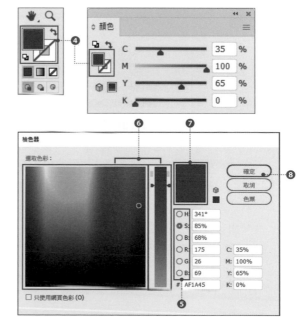

Lesson 6 ｜ 顏色與漸層的設定

---

**實用的延伸知識!** ▶ **變更色彩模式**

你可在「顏色」面板的面板選單中❶,變更「顏色」面板所用的「色彩模式」❷。

但這個「色彩模式」僅限於「顏色」面板上的顯示方式,更改此設定值並不會影響文件的「色彩模式」( ➡ p.236),這點請特別注意了。

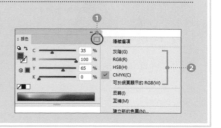

# 6-3 「色票」面板的基本操作

利用「色票」面板，便能以點按的方式輕輕鬆鬆地替物件設定顏色。你也可自由新增、刪除、編輯登錄於「色票」面板中的顏色。

## 「色票」面板的用法

在此使用控制列來說明「色票」面板的用法。點按控制列上的「填色」或「筆畫」方塊，就能叫出「色票」面板❶。或者你也可執行「視窗＞色票」命令來叫出該面板。

以「選取」工具 ▶ 選取物件後❷，點按「色票」面板上的色票❸，該色票就會套用至所選物件的「填色」或「筆畫」❹。

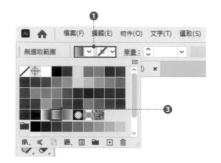

Memo

若是按住 shift 鍵點按控制列上的「填色」或「筆畫」方塊，則可叫出「顏色」面板（➡ p.121）。

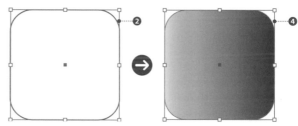

## 「色票資料庫選單」的運用

Illustrator 以「色票資料庫」的形式，內建了各式各樣的顏色群組。

想利用已登錄的色票時，就按「色票」面板下方的「色票資料庫選單」鈕❺，於其中選擇想用的資料庫❻。

下圖便是內建的幾個色票資料庫。

執行「視窗＞色票」命令即可叫出「色票」面板。而點按「內容」或「外觀」面板中的「填色」或「筆畫」方塊亦可叫出該面板。

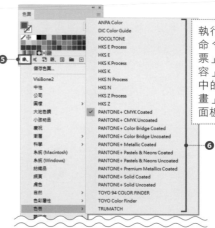

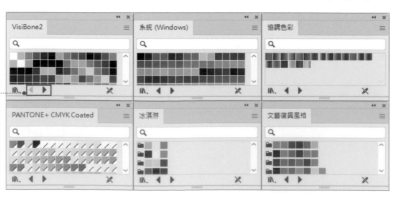

點按各色票資料庫下方的「載入上一個色票資料庫」、「載入下一個色票資料庫」鈕，就能依序切換顯示各個色票資料庫。

### 登錄常用的顏色

若在「顏色」或「漸層」面板上新設定的顏色，之後還可能用在各式各樣的其他地方，那麼建議你將該顏色登錄至「色票」面板。因為一旦登錄，就能隨時利用。

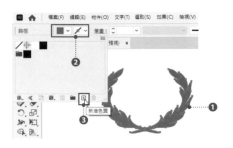

01　選取套用了欲登錄顏色的物件❶，或是在「顏色」面板設定顏色，該顏色便會出現在控制列上的「填色」或「筆畫」方塊中❷。於此狀態下，點按「色票」面板下方的「新增色票」鈕❸。

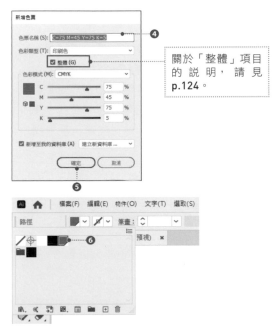

關於「整體」項目的說明，請見 **p.124**。

02　這時會彈出「新增色票」對話視窗。其中色票名稱欄位會被自動設定為顏色的數值❹，你可直接按下「確定」鈕❺。

03　接著所指定的顏色就會被登錄至「色票」面板，成為「色票」❻。

### 編輯已登錄的色票

若是想編輯、修改已登錄色票的名稱或顏色，就到「色票」面板雙按該色票❼，叫出「色票選項」對話視窗來編輯。

想要更改顏色的話，就編輯「色彩模式」及顏色數值的部分❽。

### 刪除色票

欲刪除色票時，請在「色票」面板點選要刪除的色票❾，然後按面板下方的「刪除色票」鈕，或是直接將要刪除的色票拖曳到「刪除色票」鈕上❿。

執行面板選單中的「選取全部未使用色票」命令，就能將文件內沒用到的色票都選取起來。

# 6-4 整體色色票的運用

利用整體色色票,你就能輕鬆更改已套用於物件的顏色的「深淺」。而且還能一次更改多個物件的顏色。

## 🔲 何謂整體色色票

若是在前述的「新增色票」或「色票選項」對話視窗(➡ p.123)勾選「整體」項目❶,該色票就會被登錄為「**整體色色票**」。

在「色票」面板中,整體色色票的方塊會在右下角顯示出白色的小三角形❷。而當「色票」面板以清單形式顯示時,整體色色票還會顯示出整體色圖示❸。

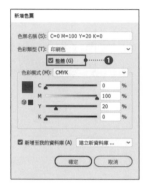

> **Memo**
> 點選「色票」面板上的「顯示清單檢視」鈕,即可將其顯示切換為清單形式❹。

## 🔲 整體色色票的套用

整體色色票和一般的色票一樣,可套用於物件的「填色」及「筆畫」。

**01** 用「選取」工具 ▶ 選取物件後❺,點按整體色色票❻,即可將該色票套用至物件。

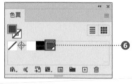

**02** 這時「顏色」面板只會顯示出一個滑桿❼,調整此滑桿,你就能變更套用於物件的顏色深淺度❽。

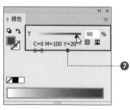

**03** 雙按「色票」面板上的整體色色票,叫出「色票選項」對話視窗,在此更改整體色色票的顏色❾,則所有套用該色票的物件就會全部一起改變顏色❿。

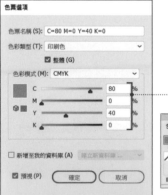

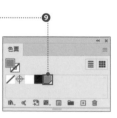

# 6-5 設定協調的色彩

利用 Illustrator 所提供的「色彩參考」面板，便能輕鬆設定「使物件整體看起來協調的色彩」。
而在此面板所建立的「顏色群組」，也可登錄至色票面板。

### 「色彩參考」面板的用法

「色彩參考」面板內建了以各種配色理論為
基礎的顏色組合（**色彩調和規則**）。
因此利用這個功能，你就能立刻設定出累積
了許多前人智慧，「**會讓人覺得美麗的**」、「**令
人感覺協調的**」配色。

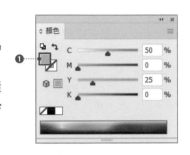

**01** 在未選擇任何物件的狀態下，將「顏
色」面板的「填色」方塊設為**基色**（**基
礎顏色**）❶。

**02** 執行「視窗＞色彩參考」命令，叫出
「色彩參考」面板。這時該面板便會以
「顏色」面板上「填色」方塊中的顏色
為基色❷，顯示出「顏色群組」❸。

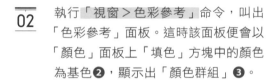

**03** 點按「色彩調和規則」選單右側的向
下箭頭鈕❹，就會看到各式各樣的色
彩調和規則。於其中選擇你想用的調
和規則，便能於面板中檢視依據該規
則搭配而成的顏色群組❺。

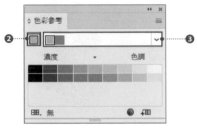

**04** 面板上端會顯示出由所選規則形成的
顏色群組❻。這些顏色都和「色票」
面板中的色票一樣，可套用至物件。
而點按下方的「將顏色群組儲存到色
票面板」鈕❼，就能將之登錄於「色
票」面板。

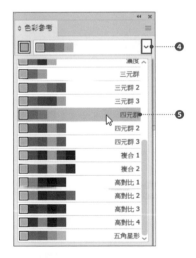

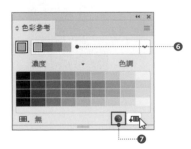

## Lesson 6-6 將物件的顏色轉為黑白或反轉

用「轉換為灰階」命令，便可將物件的顏色轉換成如黑白照片般的灰階狀態，而用「反轉顏色」命令，則可將物件轉換成如照片底片般的色彩。

### 變更色彩的命令

「轉換為灰階」和「反轉顏色」命令可套用於以下這些物件。

- ▶ 個別的路徑物件
- ▶ 群組物件
- ▶ 圖樣色票
- ▶ 漸層色票
- ▶ 套用了筆刷的物件
- ▶ 文字物件
- ▶ 內嵌的影像

一旦變換了顏色，就無法恢復為原本的色彩。

### ☑ 轉換為灰階

欲將物件的顏色轉換為灰階時，請先用「選取」工具 ▶ 選取物件，再執行「編輯＞編輯色彩＞轉換為灰階」命令❶。就能將彩色的路徑物件變換為灰階狀態❷。

> **Memo**
>
> 變換顏色後，叫出「顏色」面板，便會看到面板上只顯示了一個灰階的顏色滑桿❸。
>
>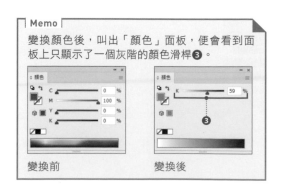
>
> 變換前　　　　　　變換後

### ☑ 反轉物件的顏色

針對前述的彩色圖像，執行「編輯＞編輯色彩＞反轉顏色」命令，便可套用「反轉顏色」效果，將物件的顏色反轉❹。

### 套用於影像

你也能以同樣的操作步驟，將這些命令套用至以內嵌形式置入文件的點陣影像。

原影像

> **Memo**
>
> Illustrator 在選單列的「編輯＞編輯色彩」之下提供了許多與物件的顏色有關的命令，而要了解這些命令的效果，最好的辦法就是實際套用看看。

「轉換為灰階」

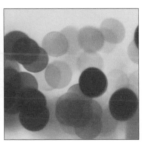

「反轉顏色」

實用的延伸知識！ ▶ **何謂反轉顏色**

所謂的反轉顏色，以 RGB 色彩模式的文件來說，就是將物件的顏色以如下的算式來做轉換處理。

255 － 現在的值 ＝ 反轉值

因此在色彩模式為 RGB 的文件中執行反轉顏色的話，就會像右邊的兩張圖那樣，其中左側圖為原本的狀態，右側圖則為變換後的狀態。

同樣道理，若針對黑色（R=0 G=0 B=0）執行「反轉顏色」命令，就會變成白色（R=255 G=255 B=255）。

而文件的色彩模式為 CMYK 時，則是變成色調反轉的近似值。

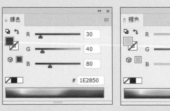

原本的狀態

反轉後的狀態

# Lesson 6-7 精通「檢色滴管」工具

「檢色滴管」 ✐ 是非常單純易用的工具，但若再搭配各種鍵盤按鍵，並了解「滴管選項」對話視窗的內容，你就能方便地取得各式各樣的屬性值。

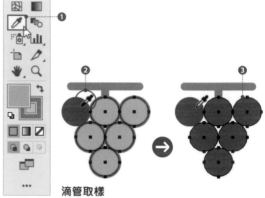

## 「檢色滴管」工具的基本操作

利用「檢色滴管」工具 ✐ ，你就能靠著點按物件的方式，輕鬆取得物件的顏色及「填色」、「筆畫」等各種屬性值，並套用至其他物件。

使用「檢色滴管」工具 ✐ 時，請先以「選取」工具 ▶ 選取欲套用屬性值的目標物件，再於工具列點選「檢色滴管」工具 ❶。

「檢色滴管」工具 ✐ 具有「滴管取樣」和「滴管套用」兩種用法。

### 滴管取樣

所謂取樣，就是取得其他物件的屬性值。以「檢色滴管」工具 ✐ 點按任意物件❷，就能取得所點按物件的屬性值，並將這些屬性值套用至目前所選的物件❸。

### 滴管套用

所謂套用，就是將目前所選物件的屬性值，套用至其他物件。

只要按住 Alt（ option ）鍵不放，以「檢色滴管」工具 ✐ 點一下任意物件❹，就能將目前所選物件的屬性值套用於該物件❺。

**滴管取樣**
所點按物件的屬性值，會套用至目前選取中的物件。

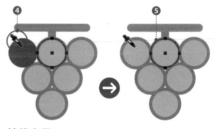

**滴管套用**
目前選取中物件的屬性值，會被套用至所點按的物件。

> 預設會取得物件的「填色」和「筆畫」屬性值，而這部分可於「滴管選項」對話視窗做設定（詳見下頁）。

## 取樣影像中的顏色

欲取得文件內點陣影像中的任何顏色時，請先用「選取」工具 ▶ 選取想要套用顏色的物件❻，再於工具列下方點選「填色」或「筆畫」方塊，以**指定要將顏色套用於填色還是筆畫**。然後用「檢色滴管」工具 ✐ 點按點陣影像❼，則你所點按處的影像顏色，就會被套用至所選物件❽（若無法取得影像中的顏色，請參考下頁「實用的延伸知識！」部分的説明）。

### 📑 取得外觀屬性

要設定「檢色滴管」工具 🖊 時，請雙按工具
列上的「檢色滴管」工具 🖊 圖示，叫出「滴
管選項」對話視窗來設定。而其預設值如右圖，
並未勾選「外觀」項目❶。

若勾選「檢色滴管取樣」和「滴管適用於」區
的「外觀」項目，就能取得並套用物件的所有
外觀屬性。而你還可詳細設定要取得、套用的
屬性細節。

### ☑ 有無勾選「外觀」項目的差異

沒勾選「外觀」時，只會取得「填色」與「筆畫」
的顏色，以及筆畫的「寬度」。

若有勾選「外觀」，則會取得從漸層設定到各種
「效果」(➡ p.144)等所有的外觀屬性。

如右圖，未勾選「外觀」時，基本上只會套用
顏色❷，而若勾選「外觀」，則除了物件的形狀
以外，幾乎所有屬性都會套用❸。

### 📑 取得文字樣式

若在「滴管選項」對話視窗中勾選「字元樣式」
及「段落樣式」項目（預設就有勾選），便能取
得文字相關屬性。

以「選取」工具 ▶ 點選文字物件❹，用「檢
色滴管」工具 🖊 點按來源文字物件❺，這樣
就能將所點按文字的「填色」與「筆畫」屬性，
還有字體、字體大小、行距等字元及段落樣
式，套用至目前選取中的文字物件❻。

取得來源　　❷套用目標（沒勾選）

❸套用目標（有勾選）

Lesson 6 ｜ 顏色與漸層的設定

---

**實用的延伸知識！**　▶ **無法取得影像中的顏色時**

如果你點按影像但卻無法取得影像中的顏色，那麼請按住 shift 鍵點按，就能取得顏色。當「滴管
選項」對話視窗中的「外觀」項目有被勾選時，便會出現這種現象。

另外，以「檢色滴管」工具 🖊 在文件的任意處按下滑鼠左鍵開始拖曳，一直拖曳到桌面或其他應
用程式的視窗上，你就能取得螢幕上任一處的顏色。這功能出乎意料地好用，請務必記住。

# Lesson 6-8 漸層的製作方法

在 Illustrator 中，漸層是在「漸層」面板上設定。這是個基本用法非常簡單，但只要好好發揮創意，就能做出各式各樣美麗漸層的優秀功能。

## 套用漸層

要替物件套用漸層時，先以「選取」工具 ▶
點選目標物件❶，然後點按「漸層」面板上
的「漸層」方塊❷。
這時該漸層就會套用至所選物件的「填色」
❸。

> **Memo**
> 你也可點按「色票」面板中的「漸層色票」❹來套用漸層。

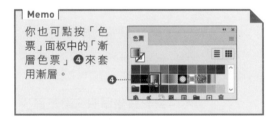

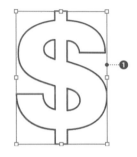

## 設定漸層的顏色

欲設定、更改漸層的顏色時，就雙按「色標」
❺，叫出「顏色」面板或「色票」面板來設
定其顏色❻。而你可用按鈕來切換顯示要用
來設定顏色的面板❼。
另外還可按「反轉漸層」鈕來反轉漸層的方
向❽。

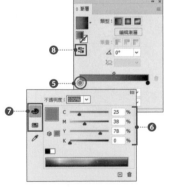

## 新增、刪除色標

若要新增「色標」，就在「漸層滑桿」的下方
點按❾，則所點按處就會出現新的色標。
若要刪除色標，則先點選色標，再按「刪除
色標」鈕❿，或是將色標往下拖曳至面板外。

### 調整漸層的位置及角度

漸層的位置，是藉由拖曳自動產生於色標之間的「中點」來調整❶。

或者你也可分別點選各個「色標」或「中點」，然後在「位置」欄位輸入數值來調整❷。

而漸層的角度變更，則是在「角度」欄位指定數值❸。

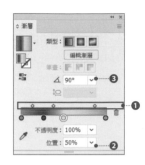

### 登錄漸層

若要將建立好的漸層登錄至 Illustrator，請按「漸層」方塊右側的向下箭頭鈕，展開漸層選單❹，然後點按「加入色票」鈕❺。

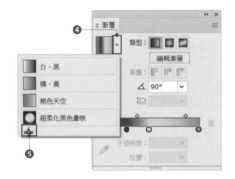

### 為「筆畫」套用漸層

若要為「筆畫」而非「填色」套用漸層，就先點按「漸層」面板上的「筆畫」方塊❻，再點選以套用漸層。而且可和套用於「填色」時一樣進行各種設定。

另外還能選擇漸層的套用方式❼。

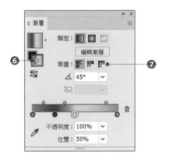

### 漸層的類型

若選擇「類型：放射狀」❽，便會套用放射狀的漸層。而指定「外觀比例」❾，還能設定成橢圓形的放射狀漸層。

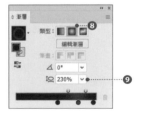

### 設定不透明度

欲變更漸層的不透明度時，請先點選「色標」，再於「不透明度」欄位指定數值❿。

假設要設定從透明漸漸變化至黑色的漸層，那就將兩端的「色標」都設為黑色，而「不透明度」則分別設為 0% 和 100%。

## Lesson 6-9 用「漸層」工具調整漸層的起點、終點，以及角度

使用「漸層」工具 ▣ ，你就能以直覺化的方式設定漸層的起點、終點，以及角度。另外還可操作漸層滑桿來設定「色標」與「中點」的顏色及位置。

### 📑 以拖曳的方式設定

用「選取」工具 ▶ 選取已套用線性漸層的物件❶，再點選工具列上的「漸層」工具 ▣ ❷，然後在該物件上拖曳❸。

這時你所拖曳的起點、終點及角度，就會直接反映在漸層上。

放射狀漸層也可用同樣方式操作❹。另外，若按住 shift 鍵拖曳，則能將角度固定為水平、垂直或 45 度。

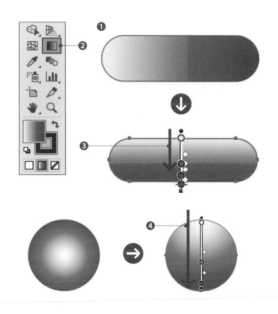

### 📑 漸層滑桿的操作

你可在選取「漸層」工具 ▣ 的狀態下，操作出現於漸層物件上的漸層滑桿與漸層註解者，藉此調整漸層的套用範圍及角度。

如右圖，拖曳已套用放射狀漸層的物件上的❺，便能使漸層偏離。而拖曳❻，則能設定成橢圓形的漸層。

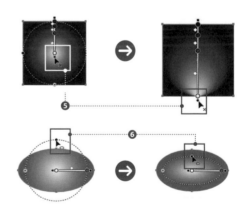

> **Memo**
> 將滑鼠指標移到漸層滑桿上，便會出現「色標」與「中點」，這時你就能用「漸層」面板的操作方式來設定顏色與位置。

---

**實用的延伸知識！** ▶ **跨多個物件套用漸層**

要跨多個物件套用同一漸層時，請先用「選取」工具 ▶ 選取套用了同樣漸層的多個物件，接著再以「漸層」工具 ▣ 拖曳。如此便能跨所選的多個物件，套用同一漸層色。

## 6-10　利用漸層網格替物件套用複雜的漸層效果

你可利用「建立漸層網格」命令，指定橫向與縱向的網格數，製作出網格物件。而藉由網格點的顏色設定，便能做出複雜的漸層效果。

Lesson 6　顏色與漸層的設定

### 建立漸層網格

要為物件套用漸層網格請依如下步驟操作。

**01**　在此要將心形物件做成有立體感的樣子。先以「選取」工具 ▶ 點選物件❶，再執行「物件 > 建立漸層網格」命令，叫出「建立漸層網格」對話視窗。

**02**　勾選對話視窗中的「預視」項目，將橫向與縱向的網格數分別指定為「橫欄：3」、「直欄：4」，並設定「外觀：至中央」、「反白：70%」❷，然後按「確定」鈕。
這時物件上就會出現網格，變成網格物件。
網格物件是由網狀的「**網格線**」❸及其交點「**網格點**」❹，還有被網格點包圍的「**網格分片**」❺所構成。

**03**　若要變更網格的顏色，可用「直接選取」工具 ▷ 點選網格點或網格分片，再於「色票」或「顏色」面板設定❻。

**04**　於工具列點選「網格」工具 ▦ ❼，然後點按物件上任意處，便可新增網格點。而按住 Alt（ option ）鍵點按網格點，則可刪除該網格點。
以「直接選取」工具 ▷ 拖曳網格點，便能移動其位置，另外還能透過控制把手的操作，來設定漸層色的漸變量及範圍❽。

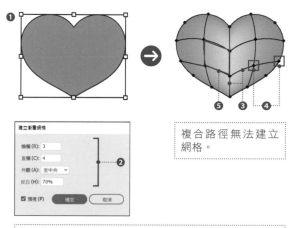

複合路徑無法建立網格。

若將「外觀」項目選為「平坦」，顏色就不會有變化，而選「至中央」或「至邊緣」，會讓所指定位置的顏色變亮。另外你可在「反白」項目設定亮度。

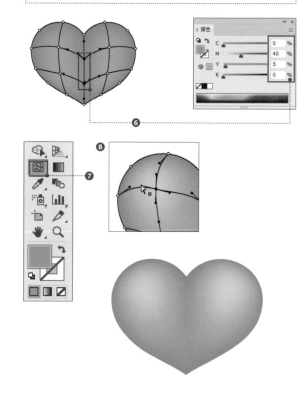

# 6-11 活用「重新上色圖稿」功能

當要變更色彩數量眾多的圖稿顏色時，利用「重新上色圖稿」功能，就能一舉變更同一顏色，或是在維持原本色彩間之相互關係的狀態下，變更整體配色。

## 以「重新上色圖稿」功能來指定顏色

使用「重新上色圖稿」功能，你就不必逐一點選物件再逐一變更顏色，而是能夠一次選取多個物件後，針對套用了相同顏色的部分一舉變更色彩。

也可按「內容」面板上的「重新上色」鈕，或執行「編輯 > 編輯色彩 > 重新上色圖稿」命令。

> **Memo**
> 「重新上色圖稿」功能可用於已套用圖樣或漸層的物件、網格物件、符號、剪裁群組等各種路徑物件的色彩編輯。

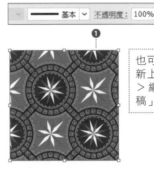

**01** 以「選取」工具 ▶ 選取物件後❶，按控制列上的「重新上色圖稿」鈕❷。

**02** 這時會彈出「重新上色圖稿」對話視窗（若未看到如右圖的介面，請點按「進階選項」鈕）。
目前用於物件的所有顏色都會顯示在「目前顏色」欄❸，而變更後的顏色則顯示在「新增」欄❹。

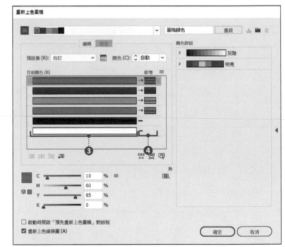

**03** 勾選「重新上色線條圖」項目❺，然後點選要變更的顏色的「新增」欄色塊❻，再用下方的顏色滑桿來指定顏色❼。待產生出你想要的配色時，就按「確定」鈕。

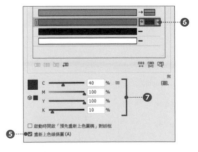

## ☑ 替換圖稿內的配色

「新增」欄的顏色也能以拖曳操作的方式來替換❽。此外還能將「目前顏色」欄的色塊拖曳至「新增」欄以套用❾。

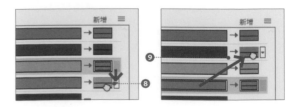

白色及黑色的「新增」欄預設
都是空的,無法變更。若要變
更這兩個顏色,就點按對應的
空欄以新增顏色❶。
接著再點按「色彩減少選項」
鈕❷,叫出「色彩減少選項」
對話視窗,取消「保留」設定
中的「白色」與「黑色」❸。

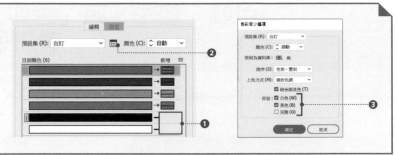

## 在維持色彩間關聯性的狀態下重新上色

以下將針對由多個路徑構成的複雜圖稿,示
範如何在維持色彩間關聯性的狀態下,一舉
變更配色。

**01** 選取物件後❶,按控制列上的「重新
上色圖稿」鈕❷,叫出「重新上色圖
稿」對話視窗。

**02** 點按「編輯」索引標籤❸,以切換顯
示色輪(若未看到如右圖的介面,請
先點按「進階選項」鈕,再點按「編
輯」索引標籤)。色輪中會以圓形的顏
色記號標示出所選物件目前使用的顏
色,而其中最大的一個記號就是「基
色」❹。

接著勾選「重新上色線條圖」項目❺,再
按「連結色彩調和顏色」鈕以啟用該
功能❻。

**03** 直接拖曳移動基色的顏色記號❼以變
更顏色。

這樣就能使整體色彩一起連動變化,
達到重新配色的目的。待產生出你想
要的配色時,就按「確定」鈕。

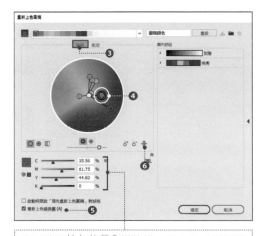

也可點選基色的顏色記號後,於下方滑桿調整
以變更顏色。

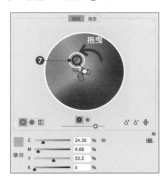

# 活用「Adobe Color」

### 「Adobe Color」是什麼？

Adobe Color 是一種可與全世界的 Adobe 使用者共享顏色主題的服務，需在連線網路的狀態下使用。

你可透過此服務建立、公開、共享你的原創顏色主題。此外還能利用各種搜尋功能，來搜尋公開於網路上的 Adobe Color 的各種顏色主題。

一旦找到喜歡的主題，就可進一步編輯或將之儲存起來。你可將這些顏色主題登錄至 Illustrator 的「色票」或「資料庫」面板以便運用。

在較舊版本的 Illustrator，只要執行「視窗 > Adobe Color 主題」命令，即可叫出「Adobe Color 主題」面板使用此服務。不過最新版本則改以連上 Adobe Color 網站的方式來使此服務。

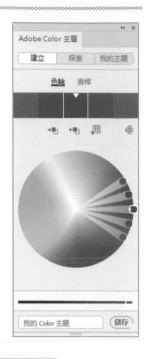

### 關鍵字搜尋與儲存

點按「探索」索引標籤❶。

這時會顯示出「搜尋列」❷，於其中輸入關鍵字進行搜尋後，便會顯示出搜尋到的顏色主題❸。若有找到喜歡的主題，就將滑鼠指標移至其上，並點按顯示出的「新增至資料庫」圖示❹。這樣該顏色主題就會新增至你的「資料庫」面板❺以供利用。

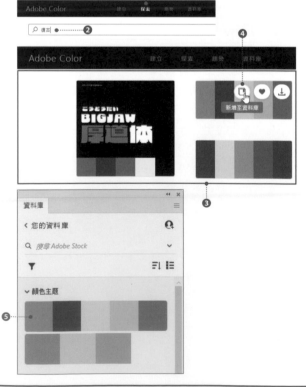

# Lesson · 7

Transformation , Composition , Special Effects.

# 變形、合成、特殊效果

讓你充分活用 Illustrator 的便利功能

本章要介紹的是效果及圖樣、漸變模式等的
用法，而這些都是 Illustrator 中極具特色的
功能。熟悉、掌握這些功能的特性，對於設
計製作的進行是很有幫助的。

# Lesson 7-1 了解「透明度」面板

「透明度」面板可設定物件的「不透明度」及「漸變模式」，使物件呈現半透明狀，好與下層物件的顏色融合。

## 設定物件的不透明度

更改物件的**不透明度**，就能讓物件變成半透明，使背景透出來。這時只要在下層配置物件，你便能輕易製造出透明感、立體感，以及空間深度。

「不透明度：0%」為完全透明，「不透明度：100%」則為完全不透明。所有新繪製的物件預設都為「不透明度：100%」。

**01** 　用「選取」工具 ▶ 選取物件後❶，在「透明度」面板更改「不透明度」設定。本例設為「不透明度：70%」❷。

**02** 　這時物件會變成半透明狀❸，位於其下層的物件便會透出。

可直接於欄位輸入數值，或點按向右鍵頭鈕叫出滑桿，以拖曳操作的方式設定。

### Memo

你也可在控制列或「內容」面板上的「不透明度」欄位❹更改設定值，又或是點按「不透明度」字樣❺，叫出「透明度」面板來設定。

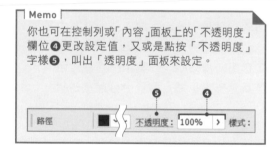

---

**實用的延伸知識！** ▶ 設定「去底色群組」

右圖是將各重疊物件設為「不透明度：70%」後，將之群組化的結果。若有勾選「去底色群組」項目，群組內的各物件就不會彼此影響，而能順利透出下層物件❶。

若你的「透明度」面板沒顯示出「獨立混合」、「去底色群組」等項目，請執行面板選單中的「顯示選項」命令。

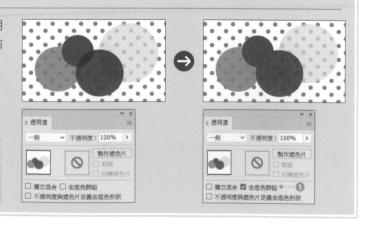

# Lesson 7-2

# 套用「不透明度遮色片」
# 讓物件漸漸變透明

「不透明度遮色片」能夠將具有透明度的遮色片套用至物件。只要為不透明度遮色片設定漸層，便能建立出漸漸變透明的遮色片。

## 設定不透明度遮色片

**不透明度遮色片**是依據遮色片物件的顏色亮度，來產生不透明度的變化。遮色片物件的白色部分（K=0 或 R=255 G=255 B=255）為不透明度 100%，黑色部分（K=100% 或 R=0 G=0 B=0）則為不透明度 0%。

01 在想要套用「不透明度遮色片」的物件上層，配置套用了黑白漸層的物件❶，以便稍後做為「不透明度遮色片」使用。
用「選取」工具 ▶ 選取所有物件，然後按「透明度」面板上的「製作遮色片」鈕❷。

> 若你的「透明度」面板沒顯示出縮圖，請執行面板選單中的「顯示縮圖」命令。

02 這樣就會套用「不透明度遮色片」。「透明度」面板上會顯示出「被遮色物件」❸和「遮色片物件」❹的縮圖。而點按遮色片物件的縮圖❹，便會切換至「不透明度遮色片編輯模式」，可針對遮色片進行編輯。待編輯完成，點按❸的縮圖，即可離開該編輯模式。

> 若漸層以外的部分意外消失了，那麼請取消「剪裁」項目。

03 如此便能以配置於上層的漸層形狀，套用漸漸變透明的「不透明度遮色片」❺。

> **Memo**
> 若要取消不透明度遮色片，就先選取物件，再按「透明度」面板上的「釋放」鈕。

# 7-3 以漸變模式合成重疊物件的色彩

為物件設定「漸變模式」，就能夠混合下層物件的色彩以達成融合效果。只要大致了解其特性，你便能透過簡單的操作，大幅拓寬自己的創作廣度。

## 套用漸變模式

你可依如下步驟來套用**漸變模式**。

**01** 用「選取」工具 ▶ 選取上層物件❶，然後在「透明度」面板的「漸變模式」選單做設定❷。
此選單的預設值為「一般」。

> **Memo**
> 不論是路徑物件、文字物件還是影像等所有物件，都能夠套用漸變模式設定。

**02** 若設為「漸變模式：色彩增值」❸，則物件會變成半透明，且與下層物件重疊處的顏色會混合成較深的顏色❹。

「色彩增值」主要用於「製作陰影」效果等，為物件添加陰影或是想將顏色調暗的情況。是使用頻率很高的漸變模式之一。

## 何謂漸變模式

漸變模式共有 16 種，每一種的效果都不一樣，而依據上下層物件的顏色組合以及文件的色彩模式不同，合成結果也會大不相同。
因此要了解所有的漸變模式並預測合成結果是非常困難的。在此建議各位先大略記住各模式的特性，把所有模式都試過一遍以掌握要點就好。

- ⏵ 結果色會變暗的合成模式❶
- ⏵ 結果色會變亮的合成模式❷
- ⏵ 結果色的對比會提高的合成模式❸
- ⏵ 會反轉色調的合成模式❹
- ⏵ 以色相、飽和度、明度為基礎的合成模式❺

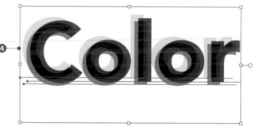

「差異化」、「差集」、「色相」、「飽和度」、「顏色」、「明度」這些模式不會與特別色混合。

## 📑 漸變模式的運用範例

上層物件的顏色稱為「**漸變色**」，下層物件的顏色稱為「**基色**」，而合成後的顏色稱為「**結果色**」。如右所列的都是文件色彩模式為 RGB 的例子，而在 CMYK 色彩模式中的混合結果有可能會很不一樣。

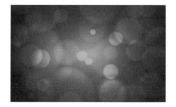

左為「色彩增值」，右為「網屏」。這是將紅色色塊疊在黑白影像上的混合效果比較

「重疊」。在漸層背景上層疊輪廓模糊的圓形路徑，呈現出光暈效果

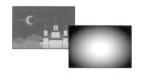

「色彩增值」。疊上漸層，降低周圍亮度

左為「色彩加深」，右為「重疊」。疊上紋理，為圖像增添類比質感

### ● 各種漸變模式的特性一覽

| 種類 | 特性說明 |
| --- | --- |
| 一般 | 預設值。不透明，不會與下層物件相互影響。 |
| 暗化 | 以基色和漸變色兩者中較暗的為結果色 |
| 色彩增值 | 將基色與漸變色做乘法運算，最後獲得的結果色總是很暗。 |
| 色彩加深 | 將基色暗化，然後反映於漸變色上。 |
| 亮化 | 以基色和漸變色兩者中較亮的為結果色 |
| 網屏 | 將基色與漸變色反轉後做乘法運算，最後獲得的結果色總是很亮。 |
| 色彩加亮 | 將基色亮化，然後反映於漸變色上。 |
| **重疊** | 依基色套用「色彩增值」或「網屏」。基色會與漸變色混合，並反映出基色的亮度或暗度。 |
| 柔光 | 當漸變色比 50% 灰還亮時，套用「色彩加亮」，若是比 50% 灰還暗時，則套用「色彩加深」。 |
| 實光 | 當漸變色比 50% 灰還亮時，套用「網屏」，若是比 50% 灰還暗時，則套用「色彩增值」。 |
| 差異化 | 將基色和漸變色兩者中較亮的一方減去較暗的一方。若與白色混合，則基色的值會被反轉。 |
| 差集 | 可獲得與「差異化」同樣的效果，但對比會變低。若與白色混合，則基色部分會被反轉。 |
| 色相 | 以基色的明度和飽和度搭配漸變色的色相 |
| 飽和度 | 以基色的明度和色相搭配漸變色的飽和度 |
| 顏色 | 以基色的明度搭配漸變色的色相和飽和度。可達成與「明度」相反的效果。 |
| 明度 | 以基色的色相和飽和度搭配漸變色的明度。可達成與「顏色」相反的效果。 |

# Lesson 7-4 以「漸變」工具漸變多個物件的顏色與形狀

使用「漸變」工具 ，你就能漸變多個所選物件的顏色及形狀，做出介於中間的物件。

## 製作漸變物件

欲製作漸變物件時，可依如下步驟操作。

**01** 先準備好兩個不同物件，然後於工具列選取「漸變」工具 ❶，再依序點按兩個物件❷。
這時兩個物件的形狀和顏色就會混合，像漸層般連接在一起❸。

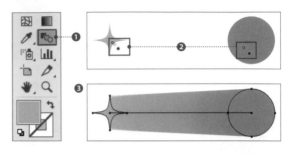

**02** 要更改兩個物件之間的物件數時，請在選取漸變物件的狀態下，雙按工具列上的「漸變」工具 圖示，叫出「漸變選項」對話視窗。
設定「間距：指定階數」、「指定階數：4」、「方向：對齊路徑」後❹，按「確定」鈕，中間的物件就會變成 4 個❺。

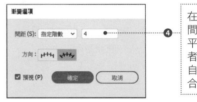

> 在兩個物件之間，存在有能夠平滑地連接兩者、由 Illustrator 自動計算出的最合適物件數量。

**03** 漸變物件會沿著連接物件的路徑（漸變軸）排列，而你可利用「直接選取」工具 及「鋼筆」工具 ，藉由操作路徑的錨點及線段，來變更漸變軸的形狀❻。

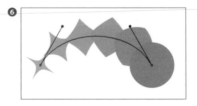

**04** 若要分別編輯中間的物件，則需先選取整個漸變物件，執行「物件＞漸變＞展開」命令❼，將各個物件展開成獨立物件，才能夠分別編輯❽。

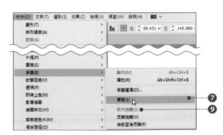

> **Memo**
> 你還可用別的路徑來替換目前的漸變軸。只要先準備好欲替換的路徑，然後用「選取」工具 把漸變物件和該路徑一起選取起來，再執行「物件＞漸變＞取代旋轉」命令即可❾。

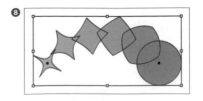

# Lesson 7-5 使用液化變形類工具來扭曲物件

只要利用液化變形類的工具，你就能自由地將物件如液體般變形成各式各樣的形狀。而液化變形類工具共包含 7 種不同用途的工具。

## 液化變形類工具的基本操作

欲操作液化變形類工具時，請依如下步驟進行。

於工具列選取「彎曲」工具  ❶，滑鼠指標會變成圓形筆刷狀，這時在物件上拖曳❷，物件的輪廓就會隨著拖曳的軌跡，像被拉動般扭曲變形。而一旦鬆開滑鼠左鍵，就能確定變形，物件會被扭曲❸。

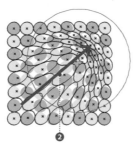
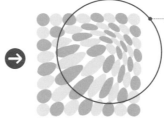

若事先以「選取」工具 ▶ 選取物件，就能將變形作用局限於所選物件。

## 其他的液化變形類工具

其他 6 種液化變形類工具的基本操作方式也都一樣，只是各工具的變形效果不同罷了。

「扭轉」工具：會將物件變形成漩渦狀

「縮攏」工具：會將錨點朝筆刷中心集中、收縮

「膨脹」工具：會使錨點以筆刷為中心，朝外側移動

「扇形化」工具：物件的輪廓線會被筆刷吸引，形成末端尖凸的曲線

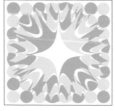

「結晶化」工具：物件的輪廓線會以筆刷為中心，朝外側擴展，形成末端尖凸的曲線

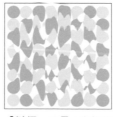

「皺摺」工具：為物件的輪廓線隨機增添如皺紋般的細小曲線

Memo

若要設定「彎曲」工具 的筆刷大小及角度、強度等細節，請雙按工具列上的「彎曲」工具 圖示，叫出「彎曲工具選項」對話視窗來設定。
而其他液化變形類工具的設定方法也都相同。

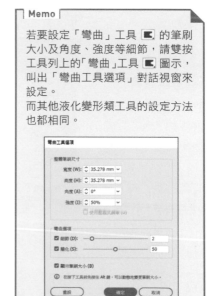

**Lesson 7-6**

# 了解效果

只要套用各種「效果」即可輕鬆變形或加工物件，製作出各式各樣的質感與形狀。而這些「效果」都只作用於外觀（表面樣貌），可維持原本的形狀不變，故你可以不斷修改其套用狀況。

## 何謂效果

Illustrator 中的「效果」是由「Illustrator 效果」❶和「Photoshop 效果」❷這兩大類構成。「Illustrator 效果」可套用於路徑物件及文字物件（下表的「點陣效果」還可套用於影像）。「Photoshop 效果」則可套用於所有物件。另外也可依據變形後的結果，大致分為「向量效果」與「點陣效果」兩類。

### ● 向量效果與點陣效果

| 效果的種類 | 說明 |
|---|---|
| 向量效果 | 會變形路徑。「Illustrator 效果」中除下述之外的所有其他效果 |
| 點陣效果 | 會進行「生成點陣影像並加入至路徑」、「將路徑加工並轉換成點陣影像」、「加工處理點陣影像」這 3 種變形。包括所有「Photoshop 效果」及「Illustrator 效果」中的「製作陰影」、「內光量」、「外光量」、「SVG 濾鏡」類和「3D」類效果，另外套用「塗抹」效果有時也會有部分被點陣化 |

## 套用效果

欲替物件套用效果時，請依如下步驟操作。在此以「製作陰影」效果為例，示範如何替物件添加陰影。

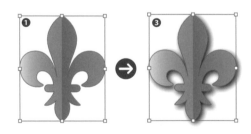

**01** 用「選取」工具 ▶ 選取物件後❶，執行「效果＞風格化＞製作陰影」命令，這時會彈出「製作陰影」對話視窗。

**02** 請勾選對話視窗中的「預視」項目❷，以便一邊觀察套用狀況一邊做設定。按下「確定」鈕，就能將效果套用至所選物件❸。

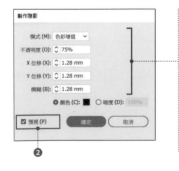

> 一般來說，做為陰影使用時，都會設為「模式：色彩增值」。而「X 位移」為正值時會朝右偏移，「Y 位移」為正值時會朝下偏移。另外你可在「模糊」欄位指定陰影的模糊尺寸。

### 編輯已套用的效果

欲再次編輯已套用至物件的效果時，請先用「選取」工具 ▶ 選取物件，然後點按「外觀」面板上的效果名稱部分❶。

這時就會彈出該效果的設定對話視窗，並顯示出目前所套用的設定值，以供你修改、編輯。

### 刪除已套用的效果

欲取消、刪除已套用的效果時，請先用「選取」工具 ▶ 選取物件，然後在「外觀」面板上點一下要刪除的效果名稱右側以選取該效果❷，再按右下方的「刪除選取項目」鈕來刪除❸。

也可直接將效果拖曳至「刪除選取項目」鈕上來刪除。

### 擴充已套用的效果

由於效果只作用於物件的外觀（表面上看起來的樣子），故在此狀態下你無法編輯變形後路徑的形狀。若想用「直接選取」工具 ▷ 或「鋼筆」工具 ✐ 編輯變形後的路徑，就必須擴充效果，而擴充效果的操作步驟如下。

**01** 用「選取」工具 ▶ 選取已套用效果的物件❹，然後執行「物件 > 擴充外觀」命令❺。

**02** 這時物件便會在維持外觀樣貌的狀態下擴充效果❻。
一旦執行「擴充外觀」命令，你就無法再次編輯效果了。

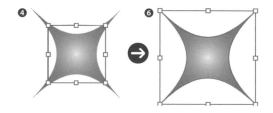

---

**Memo**

就如左頁的表格分類，依據所套用效果的類型不同，擴充後的形狀也會不同。

- 「縮攏與膨脹」效果或「鋸齒化」效果會使路徑的形狀改變
- 「製作陰影」效果或「外光暈」效果會使效果部分的模糊陰影轉成點陣影像
- 「內光暈」效果會變成路徑物件與點陣影像的「不透明度遮色片」

## 7-7 活用各種效果

本節要為各位介紹各式各樣的效果運用實例。只要掌握各效果的主要特性，就算是複雜的變形處理，也能輕易達成。

### 「縮攏與膨脹」效果

執行「效果＞扭曲與變形＞縮攏與膨脹」命令來套用。可將路徑物件內縮或膨脹變形為各種形狀。

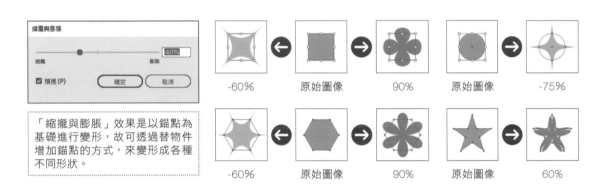

「縮攏與膨脹」效果是以錨點為基礎進行變形，故可透過替物件增加錨點的方式，來變形成各種不同形狀。

### 「彎曲」類效果

執行「效果＞彎曲」下的命令來套用。彎曲類效果共有 15 種，可將物件變形為平滑的形狀。以下僅列出其中幾種效果。

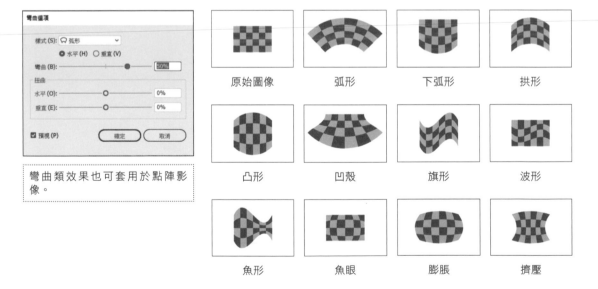

彎曲類效果也可套用於點陣影像。

### 🔲 「鋸齒化」效果

執行「效果＞扭曲與變形＞鋸齒化」命令來套用。可將路徑物件的輪廓變形成鋸齒狀或波浪狀。

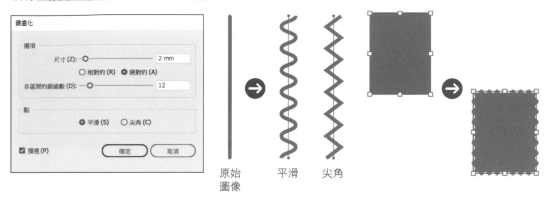

### 🔲 「粗糙」效果

執行「效果＞扭曲與變形＞粗糙效果」命令來套用。可隨機為路徑物件增加錨點，將線段變形成凹凸不平的粗糙 狀態。

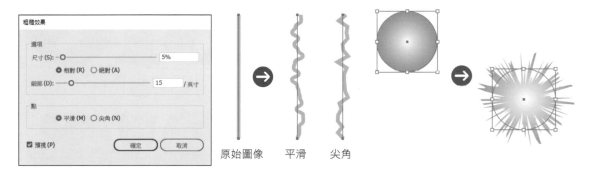

### 🔲 「塗抹」效果

執行「效果＞風格化＞塗抹」命令來套用。可為路徑物件增添不規則的筆觸，加工為手繪風格。

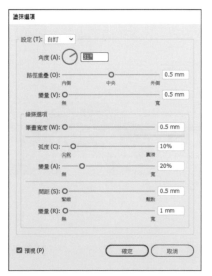

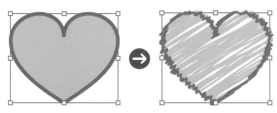

> **Memo**
>
> 你可執行「視窗＞繪圖樣式資料庫」下的命令以開啟各種繪圖樣式資料庫，然後為物件套用其中的樣式，再到「外觀」面板去查看其設定值，藉此深入了解各種效果的用法。

### 「內光暈」效果、「外光暈」效果

執行「效果>風格化>內光暈」或「外光暈」命令來套用。可為物件邊緣增添模糊的光暈。

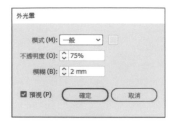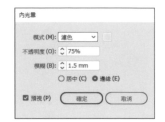

### 「3D」類效果

執行「效果> 3D >突出與斜角」命令來套用。可將平面型的路徑物件變形成立體狀。你可變更視角並設定空間深度及透視角度等,輕鬆做出各式各樣的立體形狀。

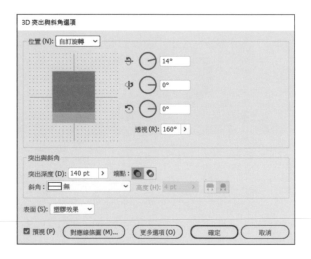

### 「彩色網屏」效果

執行「效果>像素>彩色網屏」命令來套用。可添加如印刷品放大拷貝時會出現的網點(網屏)圖樣。

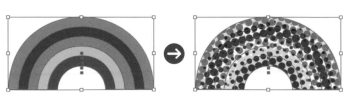

## 效果收藏館

執行「效果>效果收藏館」命令❶，便可一邊預視一邊設定 Photoshop 效果中的 7 類（共 47 種）
效果，然後再套用至物件。

包括路徑物件、影像、文字物件⋯等等，所有物件皆可套用。

壁畫

塑膠覆膜

挖剪圖案

畫筆效果

鉻黃

便條紙張效果

拼貼

強調邊緣

Lesson 7 │ 變形、合成、特殊效果

---

**實用的延伸知識！** ▷ **變更點陣效果的解析度**

當你為向量物件套用點陣效果時，Illustrator 會依據「文件點陣效果設
定」對話視窗中設定的解析度來產生點陣影像（像素）。
因此只要更改這個解析度設定，你就能調整點陣效果的精細程度。
而由於這項設定會影響文件中的所有
物件，所以變更時務必小心，千萬不
要隨意更動。

# 7-8 建立簡單的圖樣

*Lesson*

在此要解說圖樣色票的製作方法。圖樣色票可透過不同的創意構想來靈活運用,是通用性極高的一種技術,故請務必掌握其基本知識與操作。

## 何謂圖樣色票

圖樣色票是會反覆連續套用於物件的「填色」的一種圖案,像是「格子花紋」、「條紋」、「圓點花紋」等,都屬於圖樣。

另外 Illustrator 還可將內嵌影像包含於圖樣色票中。

格子花紋　　　　　　　條紋

## 建立格子花紋圖樣

接著就以格子花紋為例,實際說明建立圖樣、登錄圖樣色票並加以套用的操作步驟。

**01** 點按工具列下方的「預設填色與筆畫」鈕,將「填色」和「筆畫」設為預設值❶。

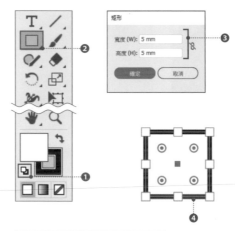

**02** 於工具列點選「矩形」工具 ▣ 後❷,在工作區域中點一下,叫出「矩形」對話視窗。

設定「寬度:5mm」、「高度:5mm」❸,再按「確定」鈕,繪製一個正方形❹。

**03** 「選取」工具 ▶ 點選所繪製的正方形,然後雙按工具列上的「選取」工具 ▶ 圖示,叫出「移動」對話視窗。設定「水平:5mm」、「垂直:0mm」❺,再按「拷貝」鈕❻。

如此便會在原本的正方形右側複製出一個新的正方形❼。

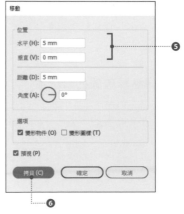

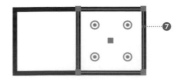

**04** 接下來用「選取」工具 ▶ 將兩個正方形一起選取，同樣叫出「移動」對話視窗，設定「水平：0mm」、「垂直：5mm」後 ❽，按「拷貝」鈕來複製並移動 ❾。這樣就建立出了像下圖那樣如磁磚般並排的 4 個正方形 ❿。

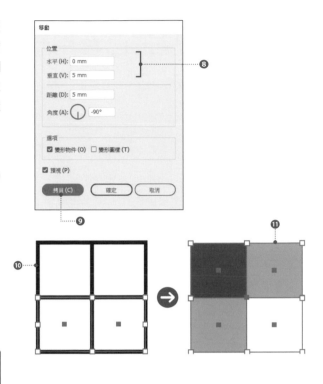

**05** 將這 4 個正方形的「填色」分別設為以下的顏色 ⓫，並且都設為「筆畫：無」。

▶ 左上：「填色：C=0 M=0 Y=0 K=80」
▶ 右上：「填色：C=0 M=0 Y=0 K=40」
▶ 左下：「填色：C=0 M=0 Y=0 K=40」
▶ 右下：「填色：白色」

> **Memo**
> 「圖樣色票」會以配置於最下層，且被設定為「填色：無」、「筆畫：無」的矩形範圍來反覆排列圖樣。而若其中並未配置「填色：無」、「筆畫：無」的矩形，則會以所登錄物件的尺寸來反覆排列。

**06** 用「選取」工具 ▶ 選取所有物件後，拖曳至「色票」面板，待滑鼠指標呈現如右圖狀，就鬆開滑鼠左鍵 ⓬。便能將該圖樣登錄至「色票」面板。

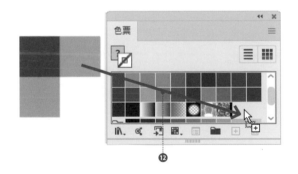

**07** 以「選取」工具 ▶ 選取欲套用圖樣色票的物件 ⓭，然後在「色票」面板中點按你想套用的圖樣色票 ⓮，便能將該圖樣套用至所選物件。

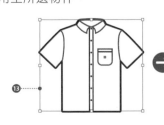

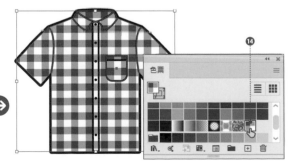

## Lesson 7-9 只變形已套用至物件的圖樣

你可運用各種變形對話視窗,只變形已套用在物件上的圖樣。

### 變形已套用的圖樣

在此以 Lesson 7-8 ( ➡ **p.150** ) 所製作的格子花紋為例,解說變形圖樣的操作方法。而所有圖樣色票的基本變形操作步驟都是一樣的。

**01** 用「選取」工具 ▶ 選取套用了圖樣色票的物件後❶,執行「物件 > 變形 > 縮放」命令。

**02** 在「縮放」對話視窗的「選項」區勾選「變形圖樣」項目,其餘項目都取消❷,再於「縮放」區設定「一致:40%」❸,然後按「確定」鈕❹。
如此便能維持物件的形狀不變,只將圖樣色票的尺寸縮小為 40% ❺。

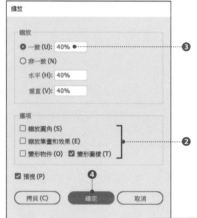

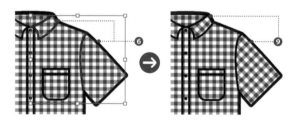

**03** 若是只要旋轉圖樣色票,則先以「選取」工具 ▶ 選取套用了圖樣色票的物件❻,然後執行「物件 > 變形 > 旋轉」命令(在此選取襯衫的袖子和領子)。

**04** 於「旋轉」對話視窗中取消「變形物件」項目,勾選「變形圖樣」項目❼。設定「角度:-45°」❽,再按「確定」鈕。
如此便能維持物件的形狀不變,只將圖樣色票旋轉 45 度❾。

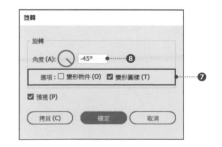

> **Memo**
> 即使取消「變形物件」項目,勾選「變形圖樣」項目,仍可能無法套用圖樣的變形效果。若遇到這種情況,請先取消物件的選取狀態,再重新選取,並叫出對話視窗來設定、套用。

# 色票資料庫的運用

Illustrator 內建了許多圖樣色票。若想看看有哪些圖樣色票並加以利用,請點按「色票」面板左下角的「色票資料庫選單」鈕,或是執行「視窗＞色票資料庫＞圖樣」下的命令,便可開啟如下的各種內建圖樣色票。

● **色票資料庫**

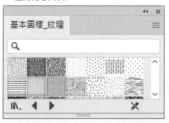
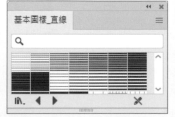
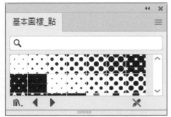

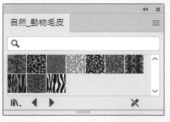
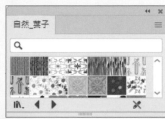
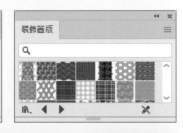

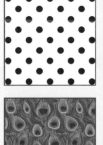

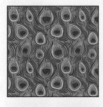

# 7-10 編輯已登錄的圖樣色票

已登錄的圖樣色票之後仍可再重新編輯、修改。而你可藉由編修並更新圖樣色票的方式,來替換已套用於物件上的圖樣。

## 編輯圖樣色票

在此要示範如何縮小圖樣色票中構成圖樣的各別物件尺寸,並拉大其間隔。而所有圖樣色票的基本編修步驟都是一樣的。

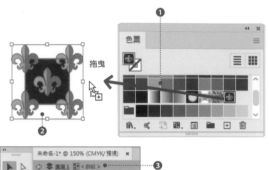

01 將要編輯的圖樣色票從「色票」面板拖曳至工作區域中❶,這時原本的物件就會以群組物件的形式出現在工作區域❷。

02 由於物件都被群組起來了,故使用「選取」工具 ▶ 雙按該物件,以切換至分離模式❸。

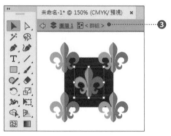

03 接著用「選取」工具 ▶ 點選欲編輯的物件後,雙按工具列上的「縮放」工具 🔲 ❹,叫出「縮放」對話視窗,設定「一致:50%」❺,再按「確定」鈕。

以同樣的操作方式縮小各個物件後,用「選取」工具 ▶ 雙按工作區域的空白部分,離開分離模式。

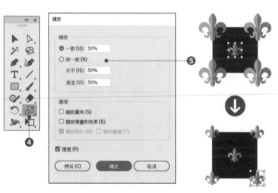

04 選取整個群組物件,再按住 Alt ( option )鍵不放,將編輯過的圖樣拖曳至「色票」面板中原本的圖樣色票上❻。這樣就能取代原本已登錄至「色票」面板的圖樣色票。

05 圖樣色票一旦更新過,則在文件內所有已套用該圖樣色票的物件的圖樣,就都會替換成修改後的樣子❼。

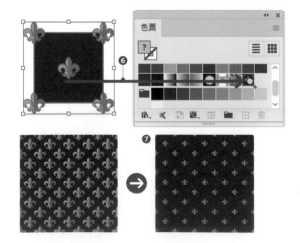

# Lesson 7-11 運用「操控彎曲」工具將物件變形為自然的形狀

只要使用「操控彎曲」工具 ，你就能透過簡單的拖曳操作，將路徑物件變形成自然的形狀。

## 「操控彎曲」工具的基本操作

你可用「操控彎曲」工具 在圖稿上新增圖釘，然後以拖曳操作的方式變形物件。

**01** 先用「選取」工具 選取欲變形的物件，再點選工具列上的「操控彎曲」工具 **❶**，然後點一下要做為變形基準點的位置**❷**。

**02** 這時所點按處便會新增一個圖釘，且整個物件都被多邊形網格覆蓋**❸**。接著，繼續點按做為變形基準點處，以增加圖釘。要發揮「操控彎曲」工具 的變形效果，就必須有 3 個以上的圖釘才行。

**03** 加入足夠的圖釘後，只要用「操控彎曲」工具 拖曳圖釘，即可變形物件**❹**。
此外，用「操控彎曲」工具 點選圖釘後**❺**，按住虛線圓圈內的部分拖曳旋轉**❻**，則能達成旋轉變形效果。

> 你還可按住 shift 鍵點選多個圖釘，以便同時移動多個圖釘。而點選圖釘後按 Delete 鍵，則能刪除該圖釘。

**04** 本例變形了脖子和尾巴的部分**❼**。只要切換至其他工具，即可結束變形的編輯操作。若再次選取該物件，並切換至「操控彎曲」工具 ，則之前設定的圖釘便會顯示出來以供你編輯。另外，以「操控彎曲」工具 編輯過的物件會被群組起來，一旦解散群組，其圖釘資訊就會消失。

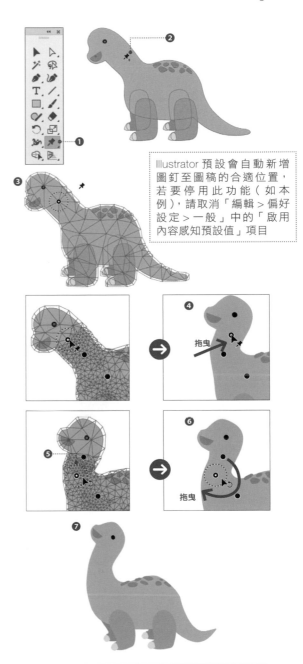

> Illustrator 預設會自動新增圖釘至圖稿的合適位置，若要停用此功能（如本例），請取消「編輯 > 偏好設定 > 一般」中的「啟用內容感知預設值」項目

拖曳

拖曳

> **Memo**
> 「操控彎曲」工具 無法變形網格物件及影像。此外，若以該工具變形文字物件，則文字物件會自動被外框化。

## 7-12 用「圖表」類工具來製作圖表

Illustrator 提供 9 種「圖表」類工具，可依據讀入或輸入的資料，建立出各式各樣的圖表。

### 製作圖表

在此以長條圖的製作為例。

**01** 於工具列選取「長條圖」工具  ❶，然後在工作區域中點一下，叫出「圖表」對話視窗。

**02** 於「寬度」、「高度」欄位輸入適當數值，以指定圖表的尺寸❷。設定完成就按下「確定」鈕。

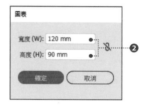

**03** 這時會彈出「圖表資料」視窗讓你輸入資料。

第 1 橫列和第 1 直欄中應輸入文字，以做為圖表的標籤❸。

而從第 2 橫列與第 2 直欄起，則應輸入數值❹，輸入完成便按下「套用」鈕❺。

待圖表資料反映出來，就按右上角的「×」鈕以關閉「圖表資料」視窗。

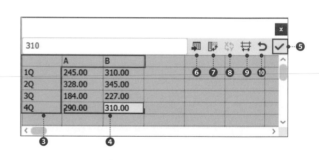

● 「圖表資料」視窗中的按鈕

| 按鈕 | 作用 |
|---|---|
| ❻「讀入資料」鈕 | 可讀入以定位點（即按一次 Tab 鍵）分隔直欄，以換行標記分隔橫列的文字檔。 |
| ❼「調換直欄／橫欄」鈕 | 交換直欄與橫列 |
| ❽「對調 x／y」鈕 | 交換「散佈圖」圖表的 X 軸和 Y 軸 |
| ❾「儲存格樣式」鈕 | 設定小數點以下的顯示位數與儲存格（表中的每一格）的寬度 |
| ❿「回復」鈕 | 復原為所輸入資料反映於圖表前的狀態 |
| ❺「套用」鈕 | 將所輸入的資料套用至圖表 |

**04** 這樣就能建立出指定尺寸的長條圖⓫。
若要回頭編輯資料，請用「選取」工具
▶ 點選圖表，然後執行「物件＞圖表＞
資料」命令，便可再次叫出「圖表資料」
視窗。

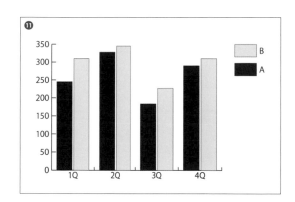

> **Memo**
> 請注意，圖表物件是被群組化的物件，一旦解散
> 群組，就再也無法叫出「圖表資料」視窗及「圖
> 表類型」對話視窗來編輯了。

**05** 若要更改圖表的類型，就先選取圖表，
再執行「物件＞圖表＞類型」命令，叫
出「圖表類型」對話視窗。
於左上方的下拉式選單選擇「圖表選
項」⓬，在「類型」區指定要變更為哪
種圖表⓭，最後按下「確定」鈕即可。

● **圖表的類型示例**

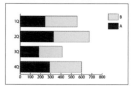

堆疊橫條圖　　　折線圖

區域圖　　　圓形圖

> **Memo**
> 你可更改「橫條寬度」⓮ 及「群集寬度」⓯ 設
> 定。另外還可將左上方的下拉式選單選為「數
> 值座標軸」或「類別軸」，以進行「刻度標記」
> 和「增加標示」等的設定。

Lesson 7 ｜ 變形、合成、特殊效果

---

**實用的延伸知識！** ▶ **變更圖表的顏色與字體**

於工具列選取「群組選取」工具 ，然後雙按欲變
更顏色的圖表裡的圖例。這樣就能選取與圖例同色
的所有長條，以便更改其「填色」色彩。

> 若要變更字體及字體大小，則用「群組選取」工具
> 或「直接選取」工具 直接點選要變更的文字，再於
> 「字元」面板更改就行了。

# 7-13 了解筆刷

在「筆刷」面板上點選筆刷套用於路徑物件,就能替路徑物件製造出各種不同形狀的「筆畫」。

## 何謂筆刷

套用筆刷有兩種方法。一種是先在「筆刷」面板選取筆刷後,用「繪圖筆刷」工具 ✐ 在工作區域中拖曳描繪。另一種則是以「鋼筆」工具 ✐ 等各種繪圖類工具畫出路徑物件後,再點選「筆刷」面板中的筆刷來套用。

而由於筆刷是套用在「筆畫」上,所以只要變更筆畫的「寬度」,就能改變筆刷的粗細。

## 筆刷的種類

Illustrator 提供 5 種類型的筆刷,每種類型的用途各自不同,而這 5 種類型又可大致分為以下兩類。

☑ **設定筆刷的尺寸及形狀、角度,然後套用至「筆畫」的筆刷**

「沾水筆筆刷」、「毛刷筆刷」

☑ **建立物件並登錄後,配置於「筆畫」的筆刷**

「散落筆刷」、「線條圖筆刷」、「圖樣筆刷」

● 筆刷的類型

| 筆刷類型 | 說明 | |
|---|---|---|
| 沾水筆筆刷 | 會依角度不同繪製出不同「寬度」的筆畫。另外若使用數位板與感壓筆,還可設定筆的壓力與傾斜角度等,用起來效果很好。 | |
| 毛刷筆刷 | 可重疊繪製多層具透明感的筆觸,畫出有潮濕感的筆畫線條。適合用於水彩畫及須呈現透明感的繪圖。搭配數位板與感壓筆使用時,還可設定筆的壓力與傾斜角度等,用起來效果格外理想。 | |
| 散落筆刷 | 會反覆配置已登錄的「散落物件」。每個筆刷只能登錄一個圖稿。而將散落設為「隨機」時,便會隨機散佈成各種形狀。適合用於須連續或隨機散佈同一物件的情況。 | |
| 線條圖筆刷 | 會將已登錄的「線條圖物件」縮放並配置。每個筆刷只能登錄一個圖稿。而你可選擇縮放的方式。適合套用於會伸縮為各種形態的曲線物件。 | |
| 圖樣筆刷 | 會配合路徑形狀,反覆配置已登錄的「圖樣色票」。最多可配置5 種「圖樣色票」於路徑的各個部位。很適合套用於外框,或是由同一物件連接而成的圖案。另外還能自動產生轉角形狀。 | |

## 🖌 使用「繪圖筆刷」工具描繪

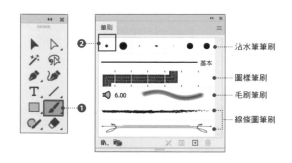

沾水筆筆刷
圖樣筆刷
毛刷筆刷
線條圖筆刷

**01** 於工具列選取「繪圖筆刷」工具 ✏️ ❶，再叫出「筆刷」面板，點選要用的筆刷❷。

**02** 在工作區域中拖曳描繪，則所拖曳的軌跡便會形成「填色：無」的路徑，而該路徑的「筆畫」會套用剛剛指定的筆刷❸。

**03** 若要設定描繪時的「精確度」等項目，請雙按工具列上的「繪圖筆刷」工具 ✏️ 圖示，叫出「繪圖筆刷工具選項」對話視窗來設定❹。

> **Memo**
> Illustrator 內建了各式各樣的筆刷預設集，只要點按「筆刷」面板左下方的「筆刷資料庫選單」鈕，選擇其中的各種資料庫，就能開啟並加以利用。

## 🖌 ブラシストロークを編集する

**01** 用「選取」工具 ▶️ 選取已套用筆刷的物件❺，然後點按「筆刷」面板下方的「所選取物件的選項」鈕❻，叫出「筆畫選項」對話視窗。

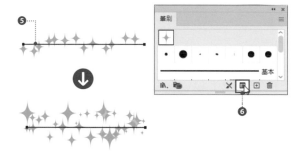

**02** 勾選「筆畫選項」對話視窗中的「預視」項目❼，再編輯、調整各項設定❽，然後按「確定」鈕，便會套用變更。

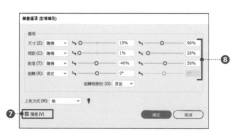

## 🖌 將筆刷轉換為物件

用「選取」工具 ▶️ 選取已套用筆刷的物件❾，再執行「物件 > 擴充外觀」命令❿。
這樣就能擴充筆刷外觀，轉換成路徑物件⓫。擴充後就能夠編輯構成該筆刷的物件。

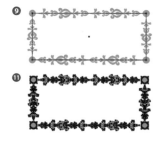

## Lesson 7-14 建立圖樣筆刷

只要為「筆畫」套用圖樣筆刷，便能夠沿著路徑配置已登錄為「圖樣筆刷」的圖樣。這很適合用來製作裝飾圖稿邊緣的外框。

### 建立圖樣筆刷

要建立圖樣筆刷，就必須先製作圖樣筆刷所需的拼貼圖樣物件，然後依如下步驟操作。

**01** 把要用於圖樣的物件拖曳至「色票」面板，登錄為圖樣色票❶（→ p.150）。

轉角拼貼　　外緣拼貼

**02** 接著點按「筆刷」面板下方的「新增筆刷」鈕❷，叫出「新增筆刷」對話視窗。選「圖樣筆刷」後❸，按「確定」鈕。

**03** 這時會彈出「圖樣筆刷選項」對話視窗。
點按各個「拼貼鈕」❹，於選單中指定已登錄的「圖樣色票」。
在此我們指定了轉角拼貼與外緣拼貼，並選擇「最接近的路徑」項目❺，最後按「確定」鈕以登錄此圖樣筆刷。

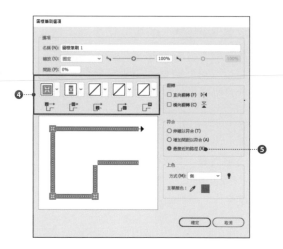

### ● 圖樣筆刷選項的設定項目

| 項目 | 說明 |
|---|---|
| 名稱 | 輸入圖樣筆刷的名稱 |
| 縮放 | 以來源圖樣色票的尺寸為基準（100%），來設定拼貼的尺寸。其中「寬度點／描述檔」選項，僅限於有替套用筆刷之物件套用「變數寬度描述檔」的情況下，可在「筆畫選項」對話視窗中選擇。而其他選項都是在使用數位板與感壓筆時指定。 |
| 間距 | 指定拼貼之間的間隔 |
| 「拼貼鈕」 | 分別為路徑的不同部分指定圖樣。點按後，選擇圖樣色票即可。 |
| 翻轉 | 以路徑為基準，翻轉圖樣的方向。 |
| 上色 | 在「上色」區中做設定，就能使圖樣筆刷反映出「筆畫」的顏色。 |

04 用「選取」工具 ▶ 選取欲套用圖樣
筆刷的物件❻，再於「筆刷」面板點
選圖樣筆刷❼。

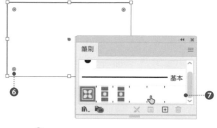

05 被登錄為筆刷的圖樣色票，便會沿著
所選物件的路徑連續配置❽。

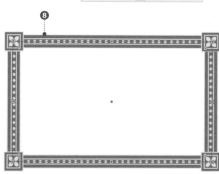

---

實用的延伸知識！ ▷ **自動產生的轉角拼貼**

只要指定外緣拼貼，Illustrator 就會以外緣拼貼為基礎，自動產生
出 4 種轉角拼貼。

因此，一旦指定了外緣拼貼，你就不需製作轉角拼貼，而可從自
動產生的轉角拼貼中指定要用哪個。

● 自動產生的轉角拼貼種類類

| 種類 | 說明 |
|------|------|
| 自動居中 | 將外緣拼貼延長至轉角，使拼貼的中央對齊於轉角。 |
| 自動居間 | 將外緣拼貼延長至轉角，形成轉角兩側各配置一個拼貼的狀態，然後刪除重疊部分。 |
| 自動切片 | 將外緣拼貼斜斜地裁切後接合，和一般畫框轉角的接合方式一樣。 |
| 自動重疊 | 使外緣拼貼的複本在轉角處重疊 |

---

**編輯已登錄的筆刷**

欲編輯已登錄的筆刷時，就在「筆刷」面板
雙按你想編輯的筆刷，開啟其選項對話視窗
來編輯。

若此時文件內已有物件套用了該筆刷，在編
輯完成後，Illustrator 會彈出警告訊息，要求
你確認是否要將變更套用至物件。

選擇「套用至筆畫」，就會立刻套用變更。
選擇「保留筆畫」，則會將剛剛的設定登錄為新筆刷。

# Lesson 7-15 建立線條圖筆刷

只要為「筆畫」套用線條圖筆刷，便能夠沿著路徑配置已登錄為「線條圖筆刷」的物件。你可藉由縮放選項的設定，來達成符合用途的配置方式。

## 建立線條圖筆刷

要建立線條圖筆刷，就必須先製作要登錄為線條圖筆刷的物件，然後依如下步驟操作。

**01**　用「選取」工具 ▶ 選取物件後❶，點按「筆刷」面板下方的「新增筆刷」鈕❷，叫出「新增筆刷」對話視窗。選擇其中的「線條圖筆刷」項目❸，按「確定」鈕。

**02**　這時會彈出「線條圖筆刷選項」對話視窗，讓你做各項設定。
本例將「方向」選為「由下到上」❹，以改變筆刷的描繪方向。
而「筆刷縮放選項」則選為「在參考線之間伸縮」❺。如此一來左下方的預視圖就會顯示出虛線的參考線，讓你以起點參考線和終點參考線來指定要縮放的部分，只有參考線之間的部分會被伸縮變形❻。
設定完成就按「確定」鈕，以登錄此線條圖筆刷。

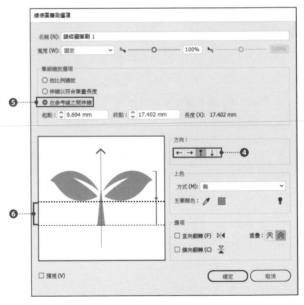

**03**　用「選取」工具 ▶ 選取欲套用線條圖筆刷的物件❼，再於「筆刷」面板點選線條圖筆刷❽。
則被登錄為線條圖筆刷的物件，便會沿著所選物件的路徑配置❾。

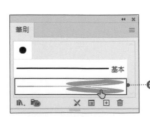

# Lesson · 8

Editing Images.

## 影像的置入與編輯

### 在 Illustrator 中處理點陣影像的必備知識

本章將詳細解說在 Illustrator 中正確處理
點陣影像所需的功能及方法。一旦能夠處
理影像,你在設計上的發揮空間就會大幅
擴大。

# 8-1 置入影像

Illustrator 不僅能處理向量圖，也能處理點陣圖。只要學會了相關的基本操作方法，便能應用於許多方面。

## 置入影像的基礎知識

針對如下的用途或情境，我們可能會需要在 Illustrator 裡使用點陣影像。

### ☑ 展示照片

做為圖稿或設計的一部份，有時可能需要配置一些照片或影像。這是最常見的一種用法。

### ☑ 做為底稿使用

將手繪的插畫或草圖掃描進電腦，然後置入於 Illustrator 中做為底稿，再以「鋼筆」工具 ✐ 等來依底稿描繪❶。此外也可將置入的影像轉換成路徑物件以建立圖稿。

### ☑ 做為背景影像使用

加工處理置入的影像，以做為背景影像使用❷。如此便能利用影像的複雜階調，做出光靠路徑物件無法呈現的複雜圖稿。

將影像做為底稿使用的例子。把手繪圖掃描進電腦後，置入於 Illustrator 中，再於其上描繪路徑。

將影像做為背景影像使用的例子。此例改變了漸變模式，以合成影像色彩。只要妥善利用影像，便能輕易做出很有質感的紋理效果。

## 置入影像

要將影像置入於 Illustrator 的文件中時，請依如下步驟操作。

**01** 執行「檔案＞置入」命令，叫出「置入」對話視窗，選擇要置入的影像檔❶，同時依需要勾選「連結」項目❷。選好影像檔後，就按下「置入」鈕❸。在此我們一次選取 5 張影像。

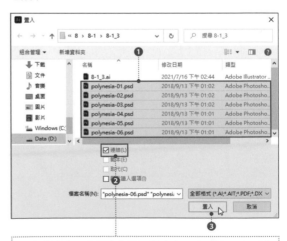

關於「連結」項目的作用，請參考下頁「實用的延伸知識！」部分的說明。

> **Memo**
> 按住 shift 鍵或 Ctrl（⌘）鍵點按多個檔名，就能將多個檔案一起選取起來。

**02** 這時滑鼠指標會變成如右圖狀，亦即**顯示出影像的縮圖與待置入影像的張數❹**。

在此狀態下於文件中點按，影像就會以點按處為左上角來配置❺。

> **Memo**
> Illustrator 可置入以下這些檔案格式的圖像。
> PSD、TIFF、EPS、JPEG、GIF、
> BMP、PICT、PNG、PDF、AutoCAD、
> SVG、Illustrator（AI）

**03** 置入於文件中的影像，都會被列在「連結」面板❻。

若沒看到「連結」面板，請執行「**視窗＞連結**」命令。

> **Memo**
> 以「選取」工具 ▶ 選取已置入至文件的影像後，點按顯示於控制列或「內容」面板上的「連結檔案」文字，亦可叫出「連結」面板❼。

| 連結檔案 | polynesia-01.psd CMYK PPI: 103 |

內容
連結檔案 ●─❼

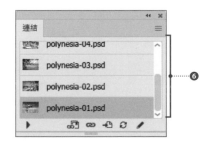

---

**實用的延伸知識！**　▶ 「嵌入」方式與「連結」方式

Illustrator 提供「嵌入」和「連結」這兩種不同的影像置入方式。在「置入」對話視窗勾選「連結」項目的話，就會採用「連結」的置入方式。

● **影像的置入方式**

| 置入方式 | 說明 |
| --- | --- |
| 「嵌入」方式 | 不勾選「連結」項目，影像資料就會內嵌於 Illustrator 檔中。因此若你事後用影像編輯軟體修改原本的影像檔，你所做的變更都不會反映在已置入的影像上。而且比起連結，嵌入的置入方式也會使 Illustrator 檔變得比較大。以連結方式置入的影像，之後還是可改為嵌入形式（→ p.168）。 |
| 「連結」方式 | 置入時若勾選「連結」項目，影像資料就不會被存入 Illustrator 檔內，這種方式只會記住影像資料的所在位置，並讀入預視資料而已。因此若你事後用影像編輯軟體修改原本的影像檔，你所做的變更就會反映在已置入的影像上。另外，移動、刪除影像檔或是更改其檔名，都會造成連結失效，導致 Illustrator 文件無法顯示出該影像。而比起嵌入，採取連結置入的 Illustrator 檔會比較小。 |

# Lesson 8-2 置入做為底稿的影像

要將影像做為底稿置入時，可勾選「置入」對話視窗下方的「範本」項目。這樣就能將影像配置為適合底稿用途的狀態。

### 置入做為底稿的影像

欲將影像做為底稿置入時，請依如下步驟操作。

**01** 執行「檔案＞置入」命令，叫出「置入」對話視窗，選擇要置入的影像檔 ❶，同時依需要勾選「連結」項目 ❷（→ p.165），另外還要勾選「範本」項目 ❸。各項目都設定妥當後，就按下「置入」鈕。

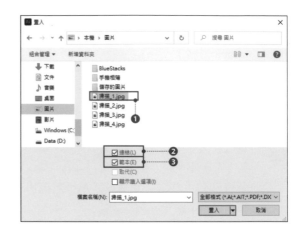

**02** 在勾選「範本」項目的狀態下置入影像，所置入的影像就會被鎖定（→ p.115），且會如右圖般呈現刷淡（淡化、模糊成原本的 50%）的狀態 ❹。

要以影像為底稿，然後用「鋼筆」工具 等從頭開始繪製的話，使用這個功能就會很方便。

**03** 若想移動或縮放、旋轉已置入的底稿影像，請先到「圖層」面板點選該圖層，再執行面板選單中的圖層選項命令 ❺，於彈出的「圖層選項」對話視窗中，取消「範本」項目 ❻。

如此便能解除範本圖層的鎖定狀態，以便編輯該圖層的內容。

> **Memo**
> 以同樣的操作方式，再次勾選「範本」項目，就能恢復為原本的範本圖層。

# 8-3 置換影像

要將已置入於 Illustrator 文件中的影像，替換成別的影像時，須執行「重新連結」命令。只要簡單的幾個步驟，即可立刻置換為別的影像。

## 📷 將已置入的影像替換成別的影像

欲將置入於文件內的影像換成別的影像時，請依如下步驟操作（在此示範透過控制列的操作方式）。

**01** 用「選取」工具 ▶ 或「直接選取」工具 ▷ 點選影像 ❶，然後點按控制列上的「影像檔名」❷，於彈出的選單選擇「重新連結」命令 ❸。

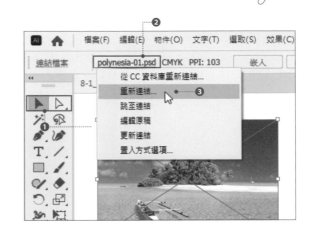

**02** 這時會彈出「置入」對話視窗，請選擇新的影像檔 ❹，再按「置入」鈕 ❺。

**03** 則原本的影像就會被替換為新指定的影像 ❻。

> **Memo**
> 你也可在「連結」面板置換影像。只要在「連結」面板中先選取欲替換的影像 ❼，再按下方的「重新連結」鈕 ❽，使叫出「置入」對話視窗來指定新影像。

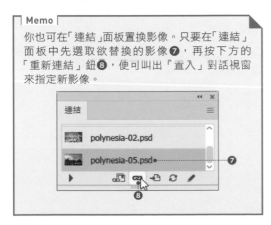

Lesson 8 ｜ 影像的置入與編輯

# Lesson 8-4 將連結影像嵌入

以連結方式置入的影像，隨時都能改成嵌入的形式。而同樣地，以嵌入方式置入的影像，也可改成連結的形式。

## 將連結影像嵌入

若要把以連結方式置入的影像變更為嵌入形式，請先用「選取」工具 ▶ 或「直接選取」工具 ▷ 選取連結影像❶，然後按控制列或「內容」面板上的「嵌入」鈕❷。

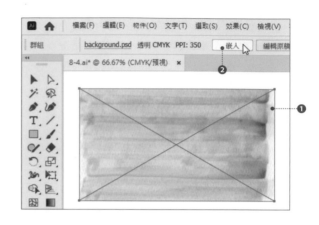

> **Memo**
> 連結影像一旦被選取，就會顯示出兩條交叉的對角線，而嵌入式的影像不會這樣顯示。

## 取消嵌入

若要把以嵌入方式置入的影像抽出，變更為連結形式，請依如下步驟操作。

01 先用「選取」工具 ▶ 或「直接選取」工具 ▷ 選取嵌入的影像❸，然後按控制列上的「取消嵌入」鈕❹。

02 於彈出的「取消嵌入」對話視窗指定檔案名稱、儲存位置❺，並選擇存檔類型（PSD 或 TIFF）❻，再按「存檔」鈕❼。
如此便能取消嵌入，變更為連結形式。

> **Memo**
> 「雖說已經解除連結，將影像嵌入，但後來又想要回頭編輯原始的影像資料，然後再次以連結方式置入」─遇到這種情況時，不要「取消嵌入」，應該要執行「重新連結」命令，替換影像檔（➡ p.167）才對。

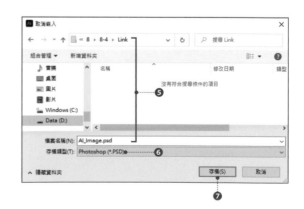

# 8-5 編輯、更新以連結方式置入的原始影像

對於以連結方式置入的影像，你可用影像編輯軟體來編輯其原始影像檔。你甚至可從 Illustrator 啟動 Photoshop。而編輯過原始影像後，你必須更新以反映出編輯的結果。

## 編輯、更新原始影像

若要編輯、更新以連結方式置入的原始影像，請依如下步驟操作。

**01** 先用「選取」工具 ▶ 或「直接選取」工具 ▷ 選取文件內的連結影像❶，然後按控制列或「內容」面板上的「編輯原稿」鈕❷。

**02** 這時便會啟動建立原始影像所用的應用程式（以本例來說就是 Photoshop），並開啟該原始影像檔❸。你可編輯影像，然後存檔、關閉。

> **Memo**
> 以「選取」工具 ▶ 或「直接選取」工具 ▷，按住 Alt（option）鍵不放，雙按文件內的連結影像，也可開啟應用程式來編輯其原始影像。

**03** 回到 Illustrator，便會有訊息彈出，詢問你是否要更新檔案，請按「是」鈕❹。如此一來，影像就會被更新為最新狀態。

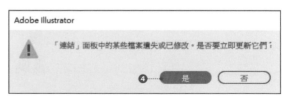

若按「否」鈕，連結影像就不會更新，在「連結」面板中，該影像會出現一個代表影像並未呈現最新狀態的圖示❺。若要將影像更新至最新狀態，可點選「連結」面板中的影像，然後按面板下方的「更新連結」鈕❻。

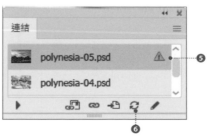

# 查看所有置入影像的狀態

所有已置入 Illustrator 文件內的影像,其資訊都會被列在「連結」面板中。你可於該面板確認各影像的置入方式、影像檔的檔名及儲存位置,還有檔案大小等。

## 「連結」面板的基本操作

舉凡影像的置換、編輯等與影像有關的多項操作,都能在控制列執行,不過你必須先用「選取」工具 ▶ 選取目標影像才行。

但若是利用「連結」面板,就不必先在文件中選取影像,你可以直接查看各種資訊並進行各式各樣的操作。

而執行「視窗 > 連結」命令,就能開啟「連結」面板。

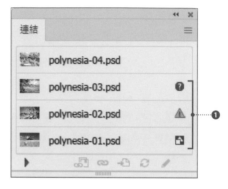

## 置入影像的狀態

「連結」面板會以清單形式列出所有置入於文件內的影像,以及所建立的點陣圖。而顯示在影像名稱右側的圖示,代表了影像目前的狀態❶。

## 各種操作

你可在「連結」面板點選影像❷,然後點按面板下方的各種按鈕❸來執行各項操作。

● 「連結」面板的圖示

| 圖示 | 說明 |
| --- | --- |
| 無 | 以連結方式正常置入的連結影像 |
| ❓ | 找不到原本連結的影像檔,或是連結失效 |
| ⚠ | 所連結的原始影像已經過影像編輯軟體(Photoshop 等)的修改,但尚未反映該變更 |
| 🔲 | 嵌入的影像 |

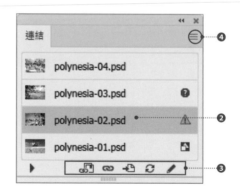

> ┌ Memo ┐
> 針對影像的各種操作,也可透過「連結」面板的面板選單來執行❹。

● 「連結」面板的各種按鈕

| 按鈕 | 說明 |
| --- | --- |
| 從 CC 資料庫重新連結 | 可重新設定 CC 資料庫內的影像的連結。於「資料庫」面板選擇影像,再按該面板中的「重新連結」鈕。 |
| 重新連結 | 會叫出「置入」對話視窗,讓你選擇要替換的影像。 |
| 跳至連結 | 會選取文件中的該影像,並使之顯示在文件視窗的正中央。 |
| 更新連結 | 將連結影像更新至最新狀態。當所連結的原始影像已經過影像編輯軟體(Photoshop 等)的修改,但尚未反映該變更時,就可執行此操作。 |
| 編輯原稿 | 啟動建立、編輯所連結之原始影像的應用程式,並開啟該原始影像。 |

### 查看影像的細節資訊

欲查看影像的細節資訊時,請先點選目標影像❶,再按「連結」面板左下方的「顯示連結資訊」鈕❷。

這時面板下方就會顯示出「連結資訊」,其中包括檔案的位置(連結影像的儲存位置)及影像的縮放比例、旋轉角度等細節資訊❸。

> **Memo**
>
> 點按「連結資訊」最下端的左右箭頭鈕,便能切換顯示其他影像的資訊❹。

---

**實用的延伸知識!** ▶ **變更「連結」面板所顯示的資訊**

你可利用面板選單裡的命令,來改變顯示於「連結」面板中的影像資訊。例如執行「顯示遺漏部分」❶,就只會列出找不到原始連結檔的影像。

另外還可更改顯示順序❷。當置入的影像多又雜時,請適度變更顯示順序以利管理。

---

**實用的延伸知識!** ▶ **改變「連結」面板所顯示的縮圖大小**

只要執行「連結」面板選單中的「面板選項」命令,叫出「連結面板選項」對話視窗,你便可在此對話視窗變更面板中的「縮圖尺寸」❶。

# 8-7 隱藏影像中不需要的部分（剪裁遮色片）

要將影像中不需要的部份隱藏起來時，就把指定顯示範圍用的物件配置在影像上層，然後套用「剪裁遮色片」即可。

## 套用剪裁遮色片

所謂的剪裁遮色片，就是能夠隱藏（遮罩）部分影像的一種功能。在 Illustrator 中，我們可用路徑物件來建立剪裁遮色片，故能以任何形狀隱藏影像。要為影像套用剪裁遮色片時，請依如下步驟操作。

**01** 使用「橢圓形」工具 ◯ 在影像上層繪製圓形的路徑物件❶，「填色」和「筆畫」的顏色、寬度都可隨意設定。

**02** 用「選取」工具 ▶ 將上層物件和影像一起選取起來，再執行「物件＞剪裁遮色片＞製作」命令❷。

**03** 這時影像就會被裁切成上層物件的形狀❸。而控制列上則顯示為「剪裁群組」❹。所謂的剪裁群組，就是由擔任遮色片物件的「剪裁路徑」與被遮罩的目標物件所構成的群組。

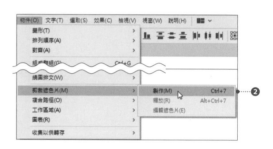

## 釋放剪裁遮色片

若要釋放已建立的剪裁遮色片，請先以「選取」工具 ▶ 選取剪裁群組，然後執行「物件＞剪裁遮色片＞釋放」命令。

由於剪裁遮色片只是用上層物件隱藏部分影像罷了，故一旦釋放，影像就會恢復原狀，而其上層會疊著一個「填色：無」、「筆畫：無」的路徑。

> **Memo**
> 剪裁遮色片的製作及編輯等操作，也可在已選取目標物件的狀態下，透過「內容」面板的「快速動作」區來執行。

**快速鍵**

**製作剪裁遮色片**
Win：`Ctrl`＋`7`　　Mac：`⌘`＋`7`

**釋放剪裁遮色片**
Win：`Ctrl`＋`Alt`＋`7`　　Mac：`⌘`＋`option`＋`7`

### 編輯剪裁遮色片

欲編輯剪裁遮色片或剪裁群組時，請依如下
步驟操作。

#### ☑ 剪裁群組的移動與縮放

已套用剪裁遮色片的剪裁群組，可在維持目
前顯示範圍的狀態下，進行移動或縮放變形
❶。關於物件的變形操作請參考 **p.60** 的說明。

#### ☑ 編輯被遮罩的目標物件

若要編輯被遮罩的目標物件（如右圖，在本
例就是背景影像），可用「選取」工具 ▶ 雙
按剪裁群組切換至分離模式（➡ p.107）❷。
在分離模式中點選影像時，整個顯示狀態不
變，但會顯示出原影像完整尺寸（包括被隱
藏的部分）的邊框❸。在此狀態下，你就能
夠只針對影像進行移動及變形操作。

#### ☑ 編輯剪裁遮色片

若要編輯剪裁遮色片（如右圖，在本例中就
是圓形的路徑物件），請在分離模式中點按控
制列上的「編輯剪裁路」鈕（左側的按鈕）
❹，將操作對象切換為剪裁遮色片，再進行
操作以變形路徑❺。如右圖，在此我們拖曳
邊框左側中央的控制點，將之變形為橢圓形。
完成編輯後，只要雙按文件中的空白部分，
即可結束分離模式。這時你會看到剪裁遮色
片已被變更❻。

> **Memo**
> 以「選取」工具 ▶ 選取影像後，按控制列或「內
> 容」面板上的「遮色片」鈕❼，便可建立出與
> 影像相同大小的剪裁遮色片。
>
>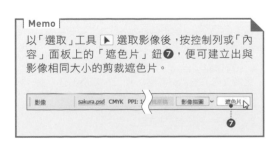

# 8-8 將影像加工成馬賽克風格

利用「建立物件馬賽克」功能，你就能夠針對置入於文件中的影像進行馬賽克處理。雖然無法進行進階、複雜的影像處理，但 Illustrator 還是提供了一些像這樣的有趣功能。

## 將影像加工成馬賽克風格

欲將影像加工成馬賽克風格時，請依如下步驟操作。

**01** 用「選取」工具 ▶ 選取嵌入的影像，以做為馬賽克處理的基礎影像❶。

> **Memo**
> 「建立物件馬賽克」功能無法套用於連結影像，影像必須要嵌入至文件才能套用該功能。
> 另外，若要套用於路徑，則必須先將路徑點陣化，轉換成點陣圖才行❷。

**02** 執行「物件＞建立物件馬賽克」命令❸，叫出「建立物件馬賽克」對話視窗。

**03** 在「選項」區設定「強制比例：寬度」、「結果：顏色」❹，並勾選「刪除點陣圖」項目❺。
再於「拼貼數目」區設定「寬度：40」❻後，按對話視窗左下方的「使用比例」鈕❼。
這時 Illustrator 就會自動替你算出「拼貼數目」區的「高度」值❽。
設定完成後就按「確定」鈕❾。

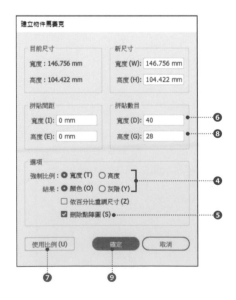

**03** 於是馬賽克處理的基礎影像會被刪除，並建立出如馬賽克磚般排列的眾多矩形路徑⓾。取消選取後，便可看到如馬賽克影像般的結果。

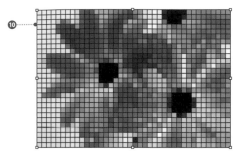 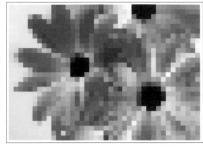

● 「建立物件馬賽克」對話視窗的設定項目

| 設定項目 | 說明 |
| --- | --- |
| 目前尺寸 | 目前所選取的、要套用馬賽克的嵌入影像的尺寸。 |
| 新尺寸 | 指定完成後的馬賽克尺寸 |
| 拼貼間距 | 指定馬賽克拼貼之間的間隔大小 |
| 拼貼數目 | 指定馬賽克拼貼的水平與垂直數量 |
| 強制比例 | 指定按下「使用比例」鈕時，要以哪個方向為基準。 |
| 結果 | 指定馬賽克的色彩模式 |
| 依百分比重調尺寸 | 勾選此項，便可用百分比值來指定完成後的馬賽克尺寸。 |
| 刪除點陣圖 | 勾選此項，就會刪除馬賽克處理的基礎影像。 |
| 「使用比例」鈕 | 點按此鈕，拼貼就會是正方形。 |

**實用的延伸知識！** ▶ **製作圓點狀的馬賽克**

將一般為正方形的馬賽克拼貼物件變形成其他形狀，就能做出風格獨具的圖稿。在此舉個例子，若要將馬賽克拼貼變換成圓點狀，可依如下步驟操作。

❶ 執行「物件 > 解散群組」命令，將做好的馬賽克群組解散

❷ 用「選取」工具 ▶ 點選其中一個馬賽克拼貼物件，然後於「變形」面板確認其「寬」和「高」（以本例來說是「寬：3.669mm」、「高：3.729mm」）

❸ 用「選取」工具 ▶ 將所有拼貼物件都選取起來，執行「效果 > 轉換為以下形狀 > 橢圓」命令

❹ 在彈出的對話視窗中設定「尺寸：絕對尺寸」❶，並參考剛剛確認的馬賽克拼貼物件尺寸來設定「寬度」、「高度」（本例設為「寬度：3.5mm」、「高度：3.5mm」）❷

❺ 按「確定」鈕❸，就完成了圓點狀的馬賽克

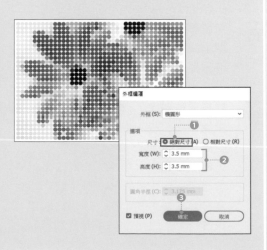

# Lesson 8-9 將影像轉換成插圖

利用「影像描圖」功能,只要幾個簡單的步驟,你就能將照片、影像等點陣圖轉換成路徑物件,輕易做出如插畫般的外觀。

## 何謂「影像描圖」功能

Illustrator 提供能將照片或影像(點陣圖)轉換成路徑物件的**「影像描圖」**功能。接著便以如右的點陣圖為例,說明如何以此功能將之轉換成插圖,並加以編輯。

**01** 用「選取」工具 ▶ 選取要處理的點陣圖❶,點按控制列上「影像描圖」鈕右側的「描圖預設集」按鈕❷,於彈出的選單選擇「低保真度相片」❸。你也可按下「內容」面板上的「影像描圖」鈕,選擇套用合適的描圖功能。

原始圖像　　　　　經描圖處理後

**02** 這時會彈出顯示處理進度的對話視窗。處理完成後,影像就會轉換成插圖❹。此種狀態的影像稱為「描圖影像」。

> **Memo**
> 影像描圖處理所需的時間會因電腦規格、影像大小(解析度高低)、所選的「描圖預設集」等條件不同,而有很大差異。

**03** 若要編輯所轉換成的插圖,請用「選取」工具 ▶ 選取描圖影像,再點按控制列上的「影像描圖面板」鈕❺。

**04** 這樣就會叫出「影像描圖」面板。藉由操作此面板,你便能仔細調整經描圖處理後的插畫狀態。
這時「預設集」項目設定的是先前轉換時所選的「描圖預設集」❻。若你沒看到如右圖下半截的「進階」設定,請按「進階」左側的按鈕展開面板❼。

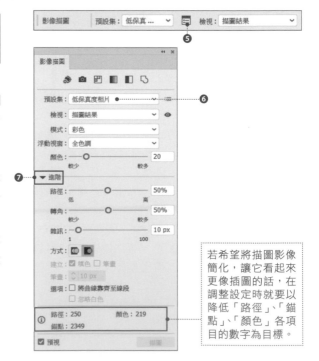

若希望將描圖影像簡化,讓它看起來更像插圖的話,在調整設定時就要以降低「路徑」、「錨點」、「顏色」各項目的數字為目標。

05 本例於套用「低保真度相片」預設集後，又再進一步減少顏色數量，使之變得更像插圖。設定如下 ❽。

- ▷ 「模式：彩色」
- ▷ 「浮動視窗：全色調」
- ▷ 「顏色：4」
- ▷ 「路徑：50%」
- ▷ 「轉角：50%」
- ▷ 「雜訊：15px」

06 描圖影像同時包含了來源影像及描圖結果的向量資料。若要將它轉換成路徑，就按控制列上的「展開」鈕 ❾。

07 這時各個顏色所構成的部分就會被轉換成獨立路徑，變成如右圖狀 ❿。預設這些路徑會被群組成單一群組物件，不過只要解散群組（➡ p.106），或是切換至分離模式以進入群組物件之內（➡ p.107），你就能夠分別編輯各個路徑了。

● 「影像描圖」面板的設定項目

| 項目 | 說明 |
|---|---|
| 預設集 | Illustrator 內建的設定值組合。只要在此選擇任一項目，就能輕易將影像插圖化。 |
| 檢視 | 可選擇顯示狀態，共有**「描圖結果」**、**「描圖結果（含外框）」**、**「外框」**、**「外框（含來源影像）」**、**「來源影像」**這幾種顯示方式可選。另外按住右側的眼睛圖示，便會顯示來源影像。 |
| 模式 | 可在**「彩色」**、**「灰階」**、**「黑白」**三者之中選擇描圖結果的色彩模式。 |
| 浮動式窗 | 選擇**「自動」**、**「受限」**或**「全色調」**其中一者，就能以來源影像的顏色來產生描圖結果的顏色。而選擇「文件庫」，則會用該文件的「色票」面板內的顏色，來產生描圖結果的顏色。 |
| （顏色） | 設定「模式：彩色」時就會顯示出此項目，可指定用於描圖的顏色數。 |
| （灰階） | 設定「模式：灰階」時就會顯示出此項目，可指定用於描圖的顏色數。 |
| （臨界值） | 設定「模式：黑白」時就會顯示出此項目，可設定變換成白色或黑色時的平衡。 |
| ▼進階 | |
| 路徑 | 設定誤差的容許度。值越大，形成的描圖影像就越細緻。 |
| 轉角 | 設定轉角的比例。值越大，描圖影像的轉角就越多。 |
| 雜訊 | 描圖時會忽略指定尺寸以下的像素。 |
| 方式 | 選擇**「鄰接」**，便會產生不重疊、有缺口的路徑；而選**「重疊」**，則會產生鄰接部分重疊的路徑。 |
| 建立 | 設定「模式：黑白」時便可設定此項目。你可勾選「填色」或「筆畫」，又或是兩者都勾選，則所勾選的部分就會成為描圖的對象。 |
| 筆畫 | 有勾選「建立」項目中的「筆畫」時，便可設定此項目。小於指定尺寸的線條會被轉換為筆畫。 |
| 選項 | 若勾選**「將曲線靠齊至線段」**，稍微彎曲的線條就會被替換成直線<br>勾選**「忽略白色」**，白色部分就會被設為「填色：無」。 |

# 8-10 裁切影像

利用 Illustrator 的「裁切影像」功能，你就能將內嵌影像的多餘部分切除。不同於以剪裁遮色片功能隱藏部分影像的做法，這種方式能夠真正切除像素。

### 「裁切影像」功能

在 Illustrator 中，你能夠裁切置入於文件內的嵌入式影像。

而由於這樣的裁切方式會刪除影像本身的像素，故無法事後變更影像的剪裁範圍。若只是想暫時隱藏部分影像範圍的話，請使用剪裁遮色片功能（→ **p.172**）。

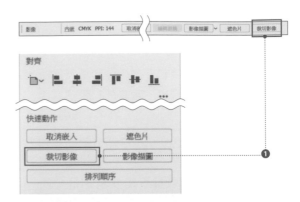

**01** 用「選取」工具 ▶ 選取要裁切的內嵌影像，然後按控制列或「內容」面板上的「裁切影像」鈕❶。

> 若是在選取連結影像的狀態下按「裁切影像」鈕，則會先跳出訊息對話視窗，告知你影像將被嵌入。

**02** 這時內嵌影像的周圍會顯示出控制點，控制點外側的部分都刷白顯示，請拖曳控制點來指定裁切範圍❷。

**03** 決定好裁切範圍後，就按下控制列或「內容」面板上的「套用」鈕❸，或是直接按鍵盤上的 Enter（Return）鍵，即可執行裁切處理。

> **Memo**
> 若要取消裁切，則按「取消」鈕❹，或按鍵盤上的 esc 鍵。

> **Memo**
> 若是不想用拖曳操作的方式，而是要以指定數值的方式裁切影像，那麼可在控制列或「內容」面板的「變形」區進行操作❺。藉由設定其中的「PPI」值❻，你便能指定裁切後影像的解析度。

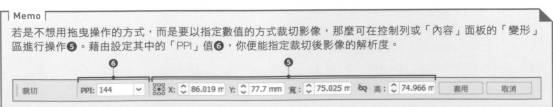

# Lesson · 9

**Charactter, Paragraph, Typography.**

# 文字操作與段落設定

**從各種相關面板的基本操作到應用技巧**

文字與文章，是 Illustrator 所能處理的內
容中最重要的元素之一。文字不僅可做為
「供閱讀的文字」使用，也可在圖稿中做為
裝飾運用，或是做為 Logo 標誌製作時的
基本元素，應用範圍可說是相當廣泛。

# Lesson 9-1 了解「字元」面板

舉凡字體及尺寸、字距、行距…等等與文字有關的操作，多半都是在「字元」面板中進行。所以在此就讓我們來了解一下此面板的基本操作。

## 「字元」面板

執行「視窗＞文字＞字元」命令便可叫出「字元」面板。若沒看到下半截的細節選項，請執行面板選單中的「顯示選項」命令❶。

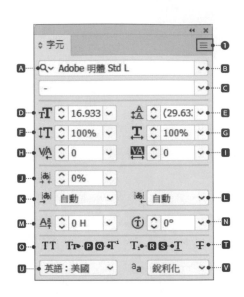

> **Memo**
> 若你的「字元」面板沒有顯示出 J、K、L 這些選項，請執行「編輯＞偏好設定＞文字」（Mac 為「Illustrator ＞偏好設定＞文字」）命令，叫出「偏好設定」對話視窗，然後勾選「顯示東亞選項」項目。

「字元」面板的內容也會顯示在控制列及「內容」面板中。

## 搜尋字體

A 可讓你輸入字體名稱以搜尋字體。點按該放大鏡圖示❷，便可選擇以切換「搜尋完整字體名稱」和「僅搜尋第一個單字」。

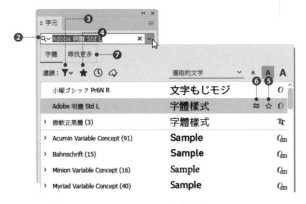

## 設定字體／行距（➡ p.188）

B 是設定字體系列，C 是設定字體樣式。而字體樣式是指字體的變化版本，主要是選擇粗細程度。D 是設定字體大小，E 則是設定行距。

> **Memo**
> 可利用篩選功能來選擇要顯示的字體。
> 點開「依分類篩選字體」選單❸，便可切換顯示「襯線體」、「無襯線體」、「手寫」等不同分類的字體。
> 點按「顯示最愛的字體」❹，便可切換顯示已按下 ❺ 的☆圖示而被加入至我的最愛的字體。
> 點按「顯示類似的字體」❻，便可切換顯示與目前所選字體類似的字體。

> **Memo**
> 點按「尋找更多」標籤❼，即可啟用 Adobe Fonts，以便在多達數百種類型的字體庫中，瀏覽、選擇數千種字體。

## 設定垂直縮放 F／水平縮放 G

變更這些設定值，便能使文字朝垂直、水平方向變形。

### 朝垂直方向拉長變形

‖T ↕ 100% ⌄    T̶ ↕ 80% ⌄

### 朝水平方向延展變形

‖T ↕ 80% ⌄    T̶ ↕ 100% ⌄

### 設定特殊字距 H (→ p.189)

所謂的特殊字距，是依據文字組合來調整字距的一種處理。即使設定值相同，仍可能因文字不同而導致間隔不同。你可選擇使用預設集，或是將游標插入至文字之間以進行設定。

WA　WA　WA

| V/A ⌄ 0 ∨ | V/A ⌄ -75 ∨ | V/A ⌄ -150 ∨ |

### 設定字距微調 I (→ p.189)

所謂的字距微調，是不論文字種類，均等地調整整體字距的一種處理。要在選取一整串文字的狀態下進行設定。

WAVER　WAVER

| V/A ⌄ -50 ∨ | V/A ⌄ 100 ∨ |

### 設定比例間距 J

所謂的比例間距，是依據各文字的寬度，調整文字的前後空格的一種處理。當你對某一串文字的間隔不太滿意時，就選取該串文字來設定，往往會有很好的效果。

| ⌄ 0% ∨ | 設定比例間距 |
| ⌄ 50% ∨ | 設定比例間距 |
| ⌄ 100% ∨ | 設定比例間距 |

### 插入空格 K L

用來設定空格。針對所選文字的前後（左／上或右／下）設定空格大小。當你對某一串文字的間隔不太滿意時，就選取該串文字來設定，往往會有很好的效果。

| 自動 ∨ | 插入空格 |
| 1/4 全 ... ∨ | 插入空格 |
| 1/2 全 ... ∨ | 插 入 空 格 |

### 設定基線微調 M

將所選文字的基線位置朝上下（水平文字）或左右（垂直文字）移動。

| A⌄ ⌄ 3 H ∨ |

### 設定字元旋轉 N

可設定所選文字的旋轉角度，以旋轉該文字。

| ⓣ ⌄ -20° ∨ |

### 全部大寫字、小型大寫字 O P

全部大寫字可將所有字母轉換為大寫。小型大寫字則能將小寫字母轉換成與小寫同高度的大寫字母。

一般　This is my life.
全部大寫字　THIS IS MY LIFE.
小型大寫字　THIS IS MY LIFE.

### 上標、下標 Q R

可將所選文字變更為上標、下標文字。

上標　10⁵ ➡ $10^5$

下標　H₂O ➡ $H_2O$

### 底線 S／刪除線 T

可為所選文字加上底線、刪除線。

under　strike

### 設定語文 U

針對所選文字設定其「語文」。亦即選擇斷字及拼字檢查等處理時，要做為字典使用的語文種類。

### 設定消除鋸齒的方式 V

設定轉存為 JPG 或 PNG 等影像時的「文字的消除鋸齒類型」。而轉存時，須在選項對話視窗中設定「消除鋸齒：最佳化文字（提示）」。

Lesson 9 ｜ 文字操作與段落設定

# 9-2 輸入文字

Illustrator 使用「文字」工具 T 及其他相關工具輸入文字。Illustrator 裡的文字分成「點狀文字」、「區域文字」和「路徑文字」3 種,這些統稱為文字物件。

## 輸入點狀文字

**點狀文字**主要用於輸入「標題」等行數少的字串,且可於任意位置換行。

你可用「文字」工具 T 或「垂直文字」工具 IT 來建立點狀文字。

**01** 於工具列選取「文字」工具 T ❶,滑鼠指標就會變成如右圖中的❷。在工作區域中的任意處點一下,該處就會自動輸入一串範本文字(「滾滾長江東逝水」),並將整串文字選取起來❸。

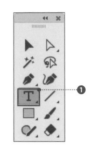

> **Memo**
>
> 自動輸入範本文字的功能,可執行「編輯 > 偏好設定 > 文字」(Mac 為「Illustrator > 偏好設定 > 文字」)命令,叫出「偏好設定」對話視窗,藉由勾選 / 取消「以預留位置文字填滿新的文字物件」項目的方式,來切換其啟用 / 停用。

**02** 在此狀態下輸入文字,處於選取狀態的範本文字就會被你所輸入的文字取代❹。

而點狀文字的位置可於輸入後輕易更改,所以就算目前的位置不太正確也無所謂。

建立點狀文字

**03** 隨著你逐一輸入文字,游標會一直維持在字串的最末尾處閃爍。若要結束輸入操作,就按住 Ctrl ( ⌘ ) 鍵點一下工作區域中的任意處❺。

建立點狀文字

---

**實用的延伸知識!** ▶ **轉換點狀文字與區域文字**

以「選取」工具 ▶ 點選文字物件,再雙按右側的圓形控制點,就能夠在點狀文字與區域文字之間做轉換。或者你也可執行「文字 > 轉換為區域文字(轉換為點狀文字)」命令來轉換。

要轉換多個文字物件時,利用選單命令便可一次完成,會比較方便。

點狀文字

區域文字

### 輸入區域文字 Part1

所謂的**區域文字**，就是指輸入至文字區域內的文字，主要用於「內文」及「圖片說明文字」等字數較多的情況。文字一旦碰到文字區域的邊緣，就會自動換行。你還可連接多個文字區域，建立出文字緒。

要建立文字區域有兩種做法，一是用「文字」工具 T 拖曳出任意尺寸的文字區域，另一則是用「區域文字」工具 ▥ 或「垂直區域文字」工具 ▥，將路徑物件轉換成文字區域。

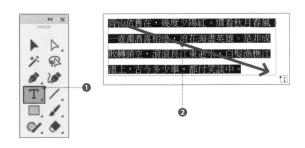

**01** 於工具列選取「文字」工具 T ❶，然後在工作區域中拖曳，所拖曳出的矩形範圍就會形成「文字區域」❷，並自動輸入一串範例文字。

**02** 在此狀態下輸入文字，便可取代該串範例文字，而所輸入的文字一碰到文字區域的邊緣就會自動換行❸。

❸
所謂的區域文字，就是指輸入至文字區域內的文字，主要用於「內文」及「圖片說明文字」等字數較多的情況

**03** 文字區域的大小仍可變更。只要用「選取」工具 ▶ 點選文字物件，再拖曳邊框上的控制點即可❹。

所謂的區域文字，就是指輸入至文字區域內的文字，主要用於「內文」及「圖片說明文字」等字數較多的情況。❹

---

**實用的延伸知識！** ▶ **利用鍵盤按鍵來暫時切換各種文字工具**

以「文字」工具 T 搭配不同的鍵盤按鍵，就能暫時切換至各種文字工具。選取「文字」工具 T 後，將滑鼠指標移到路徑物件上時，物件若為封閉路徑，就會自動切換成「區域文字」工具 ▥ ，若為開放路徑，則會自動切換成「路徑文字」工具 ✓ ❶。

另外，按住 Alt（ option ）鍵可在「區域文字」工具 ▥ 和「路徑文字」工具 ✓ 之間切換❷，而按住 shift 鍵則可在各文字工具的一般（水平）與垂直（直式）狀態之間切換❸。

| | |
|---|---|
| T | ▪ T 文字工具　　　　　　　(T) |
| □ | ▥ 區域文字工具 |
| ✓ | ✓ 路徑文字工具 |
| ↻ | ↓T 垂直文字工具 |
| ✐ | ▥ 垂直區域文字工具 |
| ▨ | ✓ 直式路徑文字工具 |
| ✎ | ▯ 觸控文字工具　(Shift+T) |

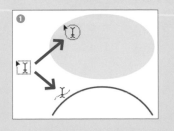

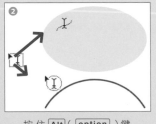

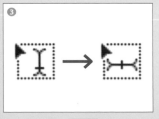

按住 Alt（ option ）鍵　　　　　　　按住 shift 鍵

183

### 🔲 輸入區域文字 Part2

先以「矩形」工具 ▢、「橢圓形」工具 ⬭ 等
來建立路徑物件，再轉換成文字區域。

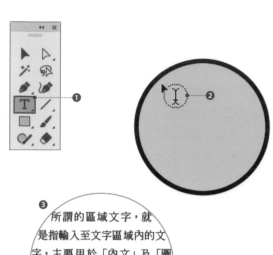

01　首先描繪將轉成文字區域的路徑。在
　　此以「橢圓形」工具 ⬭ 繪製正圓形。
　　接著選取「文字」工具 T ❶，將滑
　　鼠指標移到正圓形的路徑上，這時指
　　標就會自動切換成「區域文字」工具
　　🖵 ❷。

02　在路徑上點按，則路徑的「填色」和
　　「筆畫」就會消失，改為顯示出邊框和
　　游標，也就是轉換成了文字區域。而
　　在此狀態下，你便可輸入文字 ❸。

❸
所謂的區域文字，就
是指輸入至文字區域內的文
字，主要用於「內文」及「圖
片說明文字」等字數較多的情
況。文字一旦碰到文字區域
的邊緣，就會自動換行。

### 🔲 溢位文字

當文字的數量過多，超出文字區域的範圍
時，文字區域的末尾處就會顯示出一個 ⊞ 的
符號 ❹。這樣的文字物件叫做**溢位文字**。
在這種情況下通常會調整文字區域的大小或
是文字的量，以便顯示出所有文字。如右圖，
在此我們以「選取」工具 ▶ 拖曳邊框上的
控制點，拉大文字區域，將之調整成可顯示
出所有文字的狀態 ❺。

當文字的數量過多，以至於超出文字
區域的範圍時，文字區域的末尾處就
會顯示出一個 [+] 的符號。這樣的文
❹

⬇

當文字的數量過多，以至於超出文字
區域的範圍時，文字區域的末尾處就
會顯示出一個 [+] 的符號。這樣的文
字物件叫做溢位文字。
❺

---

**實用的延伸知識！** ▶ **自動調整文字區域的大小**

只要雙按文字區域最下端中央的控制點，
就能依文字量自動調整文字區域的大小。
雙按 ❶，文字區域就會自動增大，將超出
範圍的文字全都顯示出來 ❷。而若是想固
定文字區域的大小，則雙按 ❸。

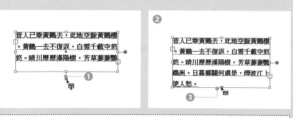

執行「編輯＞偏好設定＞文字」（Mac 為「Illustrator ＞偏
好設定＞文字」）命令，叫出「偏好設定」對話視窗，勾選
其中的「自動縮放新區域文字」項目，則之後所有新建立
的區域文字都會依文字量自動調整大小。

### 輸入路徑文字

所謂的**路徑文字**，就是沿著路徑輸入的文字，通常用於製作具動感的「標題」類文字。而路徑文字雖然無法換行，但卻可連接多個文字區域，建立出文字緒。

你可用「路徑文字」工具 或「直式路徑文字」工具 等來建立路徑文字。

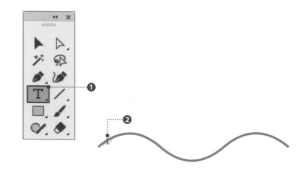

**01** 首先繪製要讓文字沿著配置的路徑物件，在此我們以「鋼筆」工具 描繪了弧形曲線。

接著選取「文字」工具 T ❶，再將滑鼠指標移到路徑上，這時指標就會自動切換成「路徑文字」工具 ❷。

**02** 點按路徑，路徑的「填色」和「筆畫」便會消失，改為顯示出路徑與閃爍的游標，也就是轉換成了路徑文字的文字區域。

在此狀態下輸入文字，文字就會沿著路徑配置❸。

**03** 你可用「選取」工具 或「直接選取」工具 ，分別拖曳在文字的起點、中點及末端等 3 處的括號，來變更路徑文字的排列位置❹。

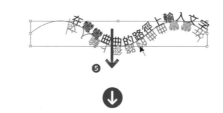

**04** 若將中點處的括號往路徑的另一側拖曳❺，還能使文字上下翻轉❻。而若想進一步調整文字的間隔等設定，請利用「字元」面板的「字距微調」以及「段落」面板的各種對齊方式。另外還可用「字元」面板上的「基線微調」項目來調整文字的位置。

Lesson 9 文字操作與段落設定

---

**實用的延伸知識！ ▶ 設定「路徑文字選項」**

以「選取」工具 選取路徑文字物件，再執行「文字＞路徑文字＞路徑文字選項」命令，開啟「路徑文字選項」對話視窗，便能夠設定路徑文字的排列方式、位置及間距、角度等。

# Lesson 9-3　編輯文字

想要有效率地編輯文字，迅速且正確地選取編輯目標是很重要的。你可用「文字」工具 T 點按欲編輯處以插入游標，或是用「文字」工具 T 以拖曳的方式反白選取字串。

## 插入文字

欲插入、增加文字時，就用「文字」工具 T，❶點按欲插入文字處，所點按的地方會出現閃爍的游標❷，這時就可輸入以增加文字❸。

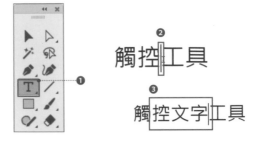

## 修改文字

用「文字」工具 T 以拖曳的方式選取欲修改的字串❹，被選取的文字就會呈現反白狀態，這時就可以輸入要更改的文字了❺。

## 雙按及連按三下以選取

用「文字」工具 T 雙按文字物件的任意處，便能選取「詞彙」（或是同類型的字串）❻。而連按三下，則可選取整個「段落」❼。

❻ 雙按

為了能夠充分掌握色彩、能夠依照目的進行配色，我們首先必須了解顏色的基本特性。
顏色包含 3 種特性。「色相」、「明度」、「飽和度」
這 3 種特性被稱做是顏色的三屬性。

❼ 連按三下

為了能夠充分掌握色彩、能夠依照目的進行配色，我們首先必須了解顏色的基本特性。
顏色包含 3 種特性。「色相」、「明度」、「飽和度」
這 3 種特性被稱做是顏色的三屬性。

## 刪除文字

你可用「文字」工具 T 在欲刪除的文字後方點一下，以插入游標，然後按 BackSpace 鍵刪除，或是以拖曳的方式反白選取欲刪除的文字，再按 Delete（ BackSpace ）鍵刪除❽。
若要刪除整個文字物件，則用「選取」工具 ▶ 點選文字物件後，按 Delete（ BackSpace ）鍵刪除。

選取文 ❽

> **Memo**
> 直接以「選取」工具 ▶ 或「直接選取」工具 ▷ 雙按文字物件，便能在點按處插入游標，並且自動切換為「文字」工具 T。因此你不必特地到工具列去點選，也能快速切換至「文字」工具 T。

# 9-4 變更字體與字體大小

字體及字體大小，還有其他與文字有關的設定，都可在「字元」面板處理。而且不論在輸入文字前還是輸入文字後，都可更改設定。

## 統一變更字體

用「選取」工具 ▶ 點選文字物件 ❶，然後在「字元」面板點按「字體系列」欄位，在彈出的選單中選擇要設定的字體，緊接著再設定下方的「字體樣式」❷。

在此我們將明體類字體改為線條較粗的黑體類字體 ❸。

## 變更個別文字的大小

欲變更文字物件整體的字體大小時，請於「字體大小」欄位設定 ❹，但若要變更行內個別文字的字體大小時，則是更改「垂直縮放」和「水平縮放」欄位 ❺。

以「文字」工具 T 拖曳選取欲變更字體大小的文字，再點按「垂直縮放」欄右側的向下箭頭鈕，於彈出的選單中選擇比例，本例選為「50%」，而「水平縮放」也同樣選為「50%」，如此便能像右圖那樣只變更所選文字的字體大小 ❻。

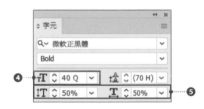

## 變更字元對齊方式

當字串中各文字的字體大小不一致時，就會顯得不整齊，這是因為 Illustrator 預設的字元對齊方式為「全形字框，置中」。

在此我們要更改字元的對齊方式。請選取整個文字物件後，點開「字元」面板的面板選單，執行「字元對齊方式＞羅馬基線」命令 ❼，如此便能讓各字元對齊基線 ❽。

> **Memo**
> 若設定了面板選單中的「字元對齊方式＞羅馬基線」，看起來還是不整齊的話，請以「文字」工具 T 反白選取文字，然後在「字元」面板的「基線微調」欄位做調整。

Lesson 9 文字操作與段落設定

# 9-5 調整文字的行距

字行與字行之間的間隔，是在「字元」面板的「行距」欄位設定。

### 變更行距

行距是在「字元」面板的「行距」欄位做設定。在 Illustrator 中，行距的預設值是與字體大小保持一定比例的（為字體大小的 175%），而當目前的值為預設值時「行距」欄位中的數字會以括弧「( )」包起❶。

欲變更行距時，先用「選取」工具 ▶ 點選文字物件，再更改「字元」面板的「行距」欄位即可❷。

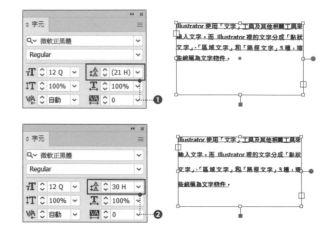

> **Memo**
>
> 以「選取」工具 ▶ 點選文字物件後，你可按快速鍵來調整某些設定值。
>
> 而以快速鍵調整設定值時所用的值，可執行「編輯>偏好設定>文字」（Mac 為「Illustrator >偏好設定>文字」）命令，在「偏好設定」對話視窗的「字級／行距」、「字距微調」、「基線微調」等項目做設定。

| 快速鍵 |
|---|
| 行距(水平文字) |
| Win：Alt+↑、↓　　Mac：option+↑、↓ |

| 快速鍵 |
|---|
| 行距(垂直文字) |
| Win：Alt+→、←　　Mac：option+→、← |

---

**實用的延伸知識！ ▶ 兩種不同的行距算法**

行距的算法有兩種，一種是以「行的上端之間的距離」為基準的「頂端至頂端行距」，另一種則是以「文字基線之間的距離」為基準的「底端至底端行距」，可在「段落」面板的面板選單中設定❶。此設定是在指定測量行距的方式，不會影響行距的大小。但當行內摻雜有「行距」設定不同的文字時，由於會以最大的設定值為優先，因此可能會產生意料之外的結果，必須依需要切換此設定。

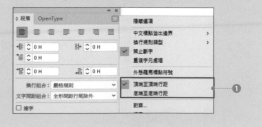

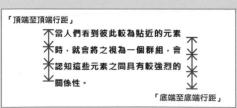

# 9-6 調整文字的字距

文字與文字之間的間隔，是在「字元」面板的「特殊字距」及「字距微調」欄位設定。

### 何謂特殊字距

所謂的特殊字距，就是依特定的文字組合來調整文字與文字之間的間隔。在 Illustrator 中是於「特殊字距」欄位做設定。

先用「選取」工具 ▶ 選取文字物件，再點按「字元」面板中「特殊字距」欄位右側的向下箭頭鈕❶，於選單中選擇設定值。而其預設值為「0」❷。

### ☑ 自動

一旦選擇「自動」，就會以該字體所定義的特殊字距資訊為基礎，依文字組合來設定並調整最佳特殊字距❸。

### ☑ 視覺

當你用的字體並未定義特殊字距資訊時（即使選擇「自動」間隔依舊不變的字體），則可選擇「視覺」。一旦選為「視覺」，就會依文字的形狀來設定特殊字距❹。

特殊字距和字距微調的單位都是「em」。1000em 就相當於 1 個字元。下圖是在「特殊字距：0」的文字（淺粉紅色）上，層疊「特殊字距：自動」或「特殊字距：視覺」的相同文字（黑色）的結果。

❷「特殊字距：0」

**Weekend Tokyo**
週末東京

❸「特殊字距：自動」

**Weekend Tokyo**
週末東京

❹「特殊字距：視覺」

**Weekend Tokyo**
週末東京

### 何謂字距微調

欲平均地調整字距時，就設定字距微調❺。字距微調會均等地調整以拖曳方式反白選取的字串，或是以「選取」工具 ▶ 選取的整個文字物件中的所有字距❻。

> **Memo**
> 欲調整個別文字之間的間距時，請用「文字」工具 Ⓣ 點按該處，置入游標，再以如右的快速鍵調整，或是直接於「特殊字距」欄位輸入數值。
> 另外，使用 OpenType 字體時，若套用「特殊字距：自動」，請記得要在「OpenType」面板勾選「等比公制字」項目。

**快速鍵**
特殊字距／字距微調
Win：Alt + ← 、→　　Mac：option + ← 、→

# 9-7 了解「段落」面板

使用「段落」面板，你就能夠設定文字段落的對齊及齊行、縮排、段落前後的間距、括弧與標點符號等的調整，還能透過換行組合設定來調整東亞文字的換行狀況。

## 設定對齊方式

欲更改整段文字的對齊方式時，請先用「選取」工具 ▶ 選取文字物件，或是用「文字」工具 T 點按段落以插入游標，然後在「段落」面板上端左側的對齊按鈕中選擇**「靠左對齊」**、**「置中對齊」**或**「靠右對齊」**。而若要讓段落的左右兩端都對齊，則於右側的 4 個齊行按鈕中做選擇。

| ≣ 「靠左對齊」 | ≣ 「置中對齊」 | ≣ 「靠右對齊」 |
|---|---|---|
| 設定文字物件的<br>對齊方式 | 設定文字物件的<br>對齊方式 | 設定文字物件的<br>對齊方式 |

| ≣ 「以末行齊左的方式對齊」 | ≣ 「以末行齊中的方式對齊」 | ≣ 「以末行齊右的方式對齊」 | ≣ 「強制齊行」 |
|---|---|---|---|
| 若要讓段落的左右兩端都對齊，則於右側的 4 個齊行按鈕中做選擇。 | 若要讓段落的左右兩端都對齊，則於右側的 4 個齊行按鈕中做選擇。 | 若要讓段落的左右兩端都對齊，則於右側的 4 個齊行按鈕中做選擇。 | 若要讓段落的左右兩端都對齊，則於右側的 4 個齊行按鈕中做選擇。 |

## 設定縮排

在此要示範為字體大小 10Q 的文字設定縮排，以建立為項目文字。

**「左邊縮排」**❶是用來指定與文字區域左端的距離，在此設為「10H」。接著是「**首行左邊縮排**」❷，用來指定第一行的縮排距離，在此設為「-10H」。而「段前間距」則設為「10H」❸。

如此一來，除了第一行外，其他行都會與文字區域左端隔開 10H 的距離（相當於 1 個字元），而各段落之前也會空出一行的距離。

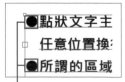

「左邊縮排：10H」　「首行左邊縮排：-10H」

原始文字

❶ +│≣ ◊ 10 H　　≣│+ ◊ 0 H
❷ ↑≣ ◊ -10 H
❸ +↓≣ ◊ 10 H　　↓≣ ◊ 0 H

●點狀文字主要用於輸入「標題」等行數較少的字串，且可於任意位置換行。

●所謂的區域文字，就是指輸入至文字區域內的文字，主要用於「內文」及「圖片說明文字」等字數較多的情況。文字一旦碰到文字區域的邊線，就會自動換行。

●所謂的路徑文字，就是沿著路徑輸入的文字，通常用於製作具動感的「標題」類文字。無法換行。

**Memo**

「段前間距」是以一般按 Enter（Return）鍵的換行（也稱做「強制換行」）段落為設定目標。因此不想套用段前間距時，可使用另一種非強制的換行（shift + Enter（Return））鍵。

## 設定「換行組合」

透過**「換行組合」**的設定,你就能避免字行
的開頭或末尾處出現不該出現的字元。而這
些不該出現的字元分為**「不能置於行首的字
元」**和**「不能置於行尾的字元」**兩種。一般
來說,標點符號及右括弧等屬於不能置於行
首的字元,左括弧則為不能置於行尾的字元。
欲設定「換行組合」時,先以「選取」工具
▶ 選取文字物件,或是用「文字」工具 T
點按文字區域中的段落以插入游標,然後再
到「段落」面板的「換行組合」下拉式選單
做選擇。

換行組合:無 | 換行組合:嚴格規則

透過「換行組合」的設定
,你就能避免字行的開頭
或末尾處出現不該出現的
字元。

透過「換行組合」的設
定,你就能避免字行的開
頭或末尾處出現不該出現
的字元。

● 「換行組合」選單中的選項設定項目

| 選項 | 作用 |
|------|------|
| 無 | 不做任何換行限制 |
| 嚴格規則 | 將登錄為「不能置於行首的字元」、「不能置於行尾的字元」、「中文標點溢出邊界」、「不可斷開的字元」的字元(共 93 個)都視為換行限制的對象。 |
| 彈性規則 | 排除「嚴格規則」所含字元中的「@」及一些小的日文平假名與片假名,共設定有 43 個換行限制字元。 |
| 換行設定 | 選此項會彈出「換行規則設定」對話視窗,讓你自訂換行限制字元。 |

## 設定「文字間距組合」

你可利用「文字間距組合」功能來設定東亞文字中的「括弧」、
「標點符號」、「行首及行尾文字」、「英數字前後」等的間隔。而
「文字間距組合」是以整個文字區域或段落為單位套用。
欲設定「文字間距組合」時,先以「選取」工具 ▶ 選取文字物件,
或是用「文字」工具 T 點按文字區域中的段落以插入游標,然
後再到「段落」面板的「文字間距組合」選單選擇要用的預設集
❶。其預設值為「**全形間距行尾除外**」。
若選擇**「文字間距設定」**,則可開啟「文字間距設定」對話視窗來
自訂文字間距設定,或是查看各預設集的內容。

各預設集的間距設定都不同。

「無」 「嚴格規則」設定有93個限制字元。

「半形日文標點符號轉換」「嚴格規則」設定有 93 個限制字元。

「全形間距行尾除外」「嚴格規則」設定有 93 個限制字元。

「全形間距包括行尾」「嚴格規則」設定有 93 個限制字元。

「全形日文標點符號轉換」 「嚴格規則」設定有93 個限制字元。

# 9-8 在單一文字區域中設定分欄

你可利用「區域文字選項」對話視窗，在單一區域文字的文字區域內設定分欄，並調整文字區域與文字的距離。

## 設定「區域文字選項」

只要設定「區域文字選項」，就能輕易建立出多欄文字區域。

**01** 用「選取」工具 ▶ 選取區域文字類型的文字物件❶，然後執行「文字＞區域文字選項」命令，叫出「區域文字選項」對話視窗。

**02** 先勾選「預視」❷，再逐一設定各個項目。「寬度」及「高度」❸設定的是文字區域的大小。一開始顯示的是所選文字區域的原始大小。「橫欄」/「直欄」❹可指定橫欄與直欄的數量，以及欄與欄之間的間隔。勾選「固定」，就會以欄與欄之間的間隔（跨距）為優先，來變形文字區域的大小。「位移」區設定的是文字區域內的文字位置。「插入間距」❺可指定文字區域的外框與文字之間的間隔。「首行基線」❻可在編排中文、日文等全形字時，選為「全形字框高度」。「最小值」❼可指定基線位移的間隔。「對齊」區設定的是文字垂直對齊文字框的位置，你可在「垂直」下拉式選單❽中選擇要垂直對齊文字框的頂端（「上」）、底部（「下」）、中央（「居中」），又或是在文字框頂端到底部之間垂直均分（「齊行」）。「選項」區❾可設定建立橫欄及直欄時的文字流向。
在此於「直欄」區設定「數量：2」、「間距：6.5mm」。

**03** 這樣就建立出了兩欄式的文字區域。若要恢復原狀，就以同樣的操作步驟叫出對話視窗，然後在「直欄」區設定「數量：1」即可。

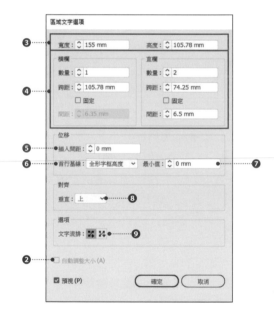

# 9-9 連接了多個文字區域的文字緒

想要連接多個文字區域，以做為一串連續的文字區域來運用，就要建立「文字緒」。

## 建立文字緒

欲建立文字緒時，須為路徑物件套用「文字緒」功能，將之轉換成文字區域。

而路徑文字也可進行同樣的操作。

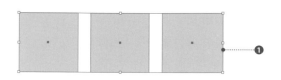

**01** 先用「矩形」工具 □ 繪製多個要轉換成文字區域的物件❶。
由於稍後輸入文字時，文字會從最底層的物件開始，依序排入其中，故繪製物件時也需注意順序（之後還是可以再變更順序）。

**02** 用「選取」工具 ▶ 選取所有物件，然後執行「文字＞文字緒＞建立」命令❷。這時物件就會轉換成文字區域，且各文字區域會一個接著一個地連在一起❸。

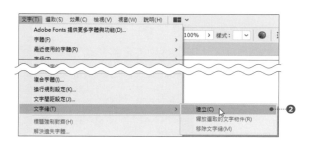

**03** 選取「文字」工具 T，於文字區域中輸入文字。當文字的量超出一個文字區域所能容納的範圍時（溢位文字），就會依序流入下一個文字區域❹。

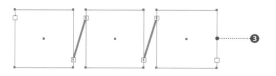

**04** 若要解除「文字緒」的連結，請執行「文字＞文字緒＞移除文字緒」命令，這樣就會解除各文字區域的連結，而已輸入的文字會留在原處❺。

> **Memo**
> 若你沒看到代表「文字緒」的連結參考線，請執行「檢視＞顯示文字緒」命令。

> **Memo**
> 若是想解除個別文字區域的文字緒連結，則先以「選取」工具 ▶ 選取文字物件，再執行「文字＞文字緒＞釋放選取的文字物件」命令。這樣就能解除連結，使文字流入下一個文字區域。另外還可雙按「輸入連接點」或「輸出連接點」來解除連結。
>
>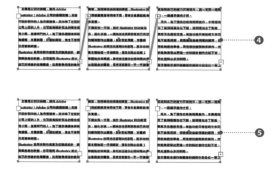

Lesson 9 ｜文字操作與段落設定

## Lesson 9-10 設定繞圖排文

想讓文字環繞著路徑物件或點陣影像排列，就要替物件套用「繞圖排文」功能。

### 設定繞圖排文

為路徑物件或點陣影像套用「繞圖排文」，就能讓文字沿著物件周圍排列。

其他如群組物件、文字物件等，也都可套用「繞圖排文」。

而套用於點陣影像時，會針對不透明的部分進行繞圖排文，完全透明的像素會被忽略。

另外，你無法針對點狀文字設定繞圖排文。

**01** 在區域文字型的文字物件上層，配置欲環繞的物件❶。

請注意，所配置的物件必須和區域文字位在同一圖層中。

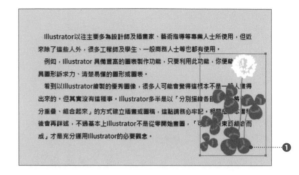

**02** 用「選取」工具 ▶ 選取上層物件，然後執行「物件 > 繞圖排文 > 製作」命令❷。

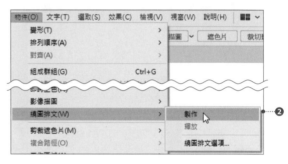

**03** 這時文字就會環繞著上層物件排列❸。而欲解除繞圖排文時則執行「物件 > 繞圖排文 > 釋放」命令。

**04** 若想調整文字與物件之間的間隔，就用「選取」工具 ▶ 選取上層物件，再執行「物件 > 繞圖排文 > 繞圖排文選項」命令，叫出「繞圖排文選項」對話視窗。

於「位移」欄位輸入文字與物件之間的間隔距離後，按「確定」鈕❹。物件周圍會顯示出代表間隔距離的參考線，以供你確認。

# 9-11 切換垂直文字與水平文字

文字物件的排列方向，可利用選單列中「文字＞文字方向」下的「水平」、「垂直」命令切換。

### 切換文字方向

雖然我們可利用選單命令來切換文字的排列方向，但從**「水平」**切換為**「垂直」**時，半形英數字等字元會變成翻倒的狀態，必須依需要做調整才行。

**01** 在此我們要將如右圖的水平方向點狀文字物件，變更為垂直方向。

首先用「選取」工具 ▶ 選取文字物件 ❶，然後執行「文字＞文字方向＞垂直」命令❷。如此便能將之切換為垂直文字❸。而依據預設值，即使轉成垂直方向，半形英數字仍會以橫向顯示。

**02** 若要將橫向翻倒的半形英數字變更為垂直向，則用「選取」工具 ▶ 選取文字物件後，執行「字元」面板選單中的「標準垂直羅馬對齊方式」命令❹。

這樣就能把翻倒的半形英數字變更為垂直排列❺。

**03** 若是想將部分的數字或符號轉成水平向，請以「文字」工具 T. 反白選取文字❻，再執行「字元」面板選單中的「直排內橫排」命令❼。這樣就能夠只將所選文字轉成水平向❽。最後再調整一下字距、字體尺寸即可。

> **Memo**
> 於「字元」面板執行面板選單中的「直排內橫排設定」命令，開啟「直排內橫排設定」對話視窗，便能進一步仔細設定直排內橫的文字位置。

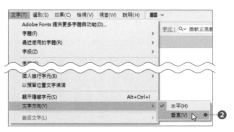

Lesson 9 ｜ 文字操作與段落設定

195

# 9-12 輸入各種特殊字元

利用「字符」及「OpenType」面板，你就能輸入各種特殊字元。此外 Illustrator 也能處理可調整粗細及寬度的字體，以及彩色的表情符號等。

## 輸入異體字

欲輸入別字、古字、日文漢字等的異體字時，可使用「字符」面板。在此以日文人名的異體字變換為例說明。

在此將相當於中文「邊」字的日文漢字，替換成另一筆畫較複雜的異體字。

**01** 首先照常用「文字」工具 T 輸入文字，接著反白選取欲變換的文字後 ❶，所選文字的右下方就會顯示出該文字的異體字清單。若有看到想使用的異體字，便可直接點選以變換。若沒看到想使用的異體字，則按下右側的「>」鈕 ❷。

**02** 這時會顯示出「字符」面板，先將其中的「顯示」選單選為「目前所選字體的替代文字」❸，再按「放大顯示」鈕以放大檢視 ❹。只要找出並雙按欲使用的異體字 ❺，便可將所選文字替換成異體字 ❻。

---

**Memo**

在「字符」面板的「顯示」選單切換不同選項，你就能輸入除了異體字之外的各種特殊字元。
只要在輸入文字的狀態下，雙按顯示於面板中的字元即可。

「顯示：選擇性連字」

「顯示：替代註解格式」

「顯示：傳統格式」

---

## 利用「OpenType」面板轉換成連字

你可利用「OpenType」面板快速轉換連字，而不使用上述的「字符」面板。對於一些常用連字，把這做法記起來可是會很方便呢。

**01** 執行「視窗 > 文字 > OpenType」命令開啟「OpenType」面板。以「選取」工具 ▶ 選取設定了 OpenType 字體的文字物件或用「文字」工具 T 反白選取其中任意字串，再按「選擇性連字」鈕 ❶。

**Memo**

你所用的 OpenType 字體必須含有連字字符，你才能夠像這樣轉換連字。請至「字符」面板，切換為「顯示：選擇性連字」，以確認該字體是否有你想用的連字。

### 活用 OpenType 的功能（歐美文字）

即使是歐美文字，也有連字及異體字等各式各樣的字符可設定。

只要以「選取」工具 ▶ 選取設定了 OpenType 字體的文字物件，或是用「文字」工具 T 反白選取其中的任意字串，然後點按「OpenType」面板上的各種按鈕❶即可。

只有收錄於 OpenType 字體中的字符才能套用。至於所收錄的字符到底有哪些，則可至「字符」面板透過「顯示」選單來查看。

欲取消轉換（套用）時，就再按一次按鈕。而若要一次取消所有設定，可用「選取」工具選取文字物件後，執行「OpenType」面板選單中的「重設面板」命令。

❷「標準連字」：將「fi」、「fl」、「Th」等特定組合轉換為所收錄的「連字」。

❸「文體替代字」：做為強調裝飾用於單字末尾或特定文字時，相當有效。

❹「序數字」

❺「分數字」

### 變數字體功能

在「字元」面板的「字體系列」欄位選用「變數字體」類的字體（可輸入「Variable」來搜尋該種字體）❶，則該面板便會顯示出「變數字體」鈕❷。

而按下「變數字體」鈕即會顯示出相關的調整滑桿❸。你可自由拉動各滑桿來調整字元的「線段寬度」、「寬度」、「傾斜」等屬性❹。

可調整的項目會依字體而不同。

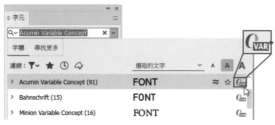

### 輸入 OpenType SVG 字體

在「字元」面板的「字體系列」欄位選用「OpenType SVG 字體」類的字體❶，就能使用彩色字體及表情符號字體。而要輸入表情符號時，只要於「字符」面板雙按欲輸入的表情符號即可。

字體：Trajan Color

字體：EmojiOne

# 9-13 在文件內尋找、取代文字

利用「尋找與取代」對話視窗，你便能在文件內的文字物件中找出特定文字，甚至將所有特定文字全都以別的文字取代。

## 特定文字的尋找、取代

想找出文字物件裡的特定文字，甚至是加以取代的話，請依如下步驟操作。

01 執行「編輯＞尋找及取代」命令❶，叫出「尋找與取代」對話視窗。

02 把要尋找的文字輸入至「尋找」欄位❷。若是要取代，則將用來取代的文字也輸入至「取代為」欄位❸。
按下「尋找」鈕❹，便會在文件內找出「尋找」欄位裡的字串，並將找到的字串反白選取起來❺。

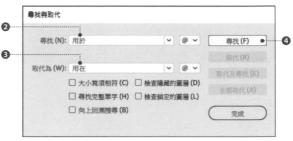

03 若要繼續尋找，就按「找下一個」鈕❻。
若要以「取代為」欄位中的字串取代找到的字串，則按「取代」鈕❼。

04 按「全部取代」鈕❽便會一次將「尋找」欄位裡的字串全都取代掉。
若已完成尋找、取代的作業，就按「完成」鈕❾。

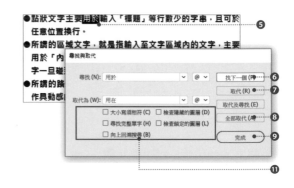

05 若是執行「全部取代」，那麼 Illustrator 會在處理完成後彈出訊息，通知你已取代了多少個字串❿。

### Memo
只要在「尋找與取代」對話視窗中勾選各項目以指定尋找條件，便能將隱藏或鎖定的圖層等處也納入尋找範圍⓫。

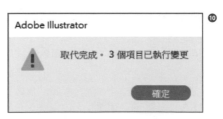

# 9-14 在文件內尋找、取代字體

利用「尋找字體」對話視窗,你便能夠查看文件內所使用的字體有哪些,還可用別的字體取代特定字體。

## 取代字體

想找出文字物件所用的字體,甚至是加以取代的話,請依如下步驟操作。

**01** 執行「文字>尋找字體」命令,叫出「尋找字體」對話視窗。

**02** 「文件中的字體」區列出了文件內目前使用中的字體清單❶。點按清單中的字體名稱,文件內使用了該字體的部分就會被反白選取❷。而按下「尋找」鈕,則會繼續尋找使用了該字體的其他部分❸。

**03** 將「取代字體來源」選為「系統」❹,已安裝於系統中的字體便會顯示在下方清單中以供取代使用。

只要在下方清單中點選字體❺,然後按「變更」鈕❻,就能以該字體取代目前所選的字體❼。若按「全部變更」鈕❽,則能一次取代所有使用了所選字體的部分。而一旦完成尋找、取代字體的作業,就按「完成」鈕。

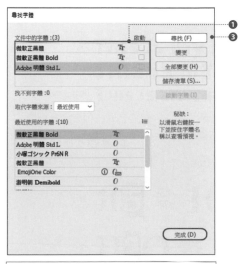

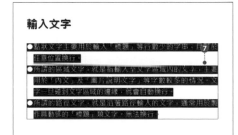

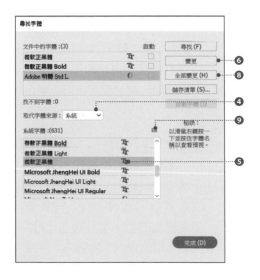

**Memo**
將「取代字體來源」選為「系統」以顯示出可用的字體清單時,你還可切換選擇欲顯示的字體類型❾。

# 9-15 將文字轉換成路徑

只要將文字外框化，亦即把文字物件轉換成路徑物件，你就能做出文字形狀的路徑，並進一步操作錨點及控制點來變形。

## 建立文字的外框

文字一旦外框化，便能進行各式各樣如編輯路徑、套用漸層、套用「效果」等的加工處理。外框化會針對所選取的整個文字物件進行處理，你無法只轉換字串內的個別文字。

另外要注意的是，一旦外框化，其文字資訊就會消失，你就再也無法以文字的形式用「字元」面板編輯它。

若你的檔案是要用於商業印刷，有時是必須先將文字外框化的。

**01** 以「選取」工具 ▶ 選取文字物件❶，再執行「文字>建立外框」命令❷。

**02** 這時文字就會被轉換成路徑物件❸。每個字都被轉換成一個複合路徑，且以轉換前的文字物件為單位被群組起來。

你可執行「編輯>解散群組」命令，或是切換至編輯模式，以便進一步針對各個文字形狀的路徑，分別進行移動、縮放等變形操作❹。

### 快 速 鍵

**建立外框**

Win：`Ctrl` + `shift` + `O`　　Mac：`⌘` + `shift` + `O`

> **Memo**
> 你也可藉由操作「外觀」面板的方式，直接替文字物件套用漸層或圖樣，但這種做法只能套用至整個文字物件，無法針對個別部分做詳細的設定、變形。

# 9-16 以繪圖樣式裝飾文字

為文字物件套用「繪圖樣式」，你就能以一指輕點的方式，輕鬆設定好複雜的裝飾效果。而已套用的繪圖樣式還可事後於「外觀」面板再做詳細的調整。

### 何謂繪圖樣式

所謂的繪圖樣式，是指登錄在「繪圖樣式」面板中，整合了一組「填色」、「筆畫」、「效果」等設定的組合。

「繪圖樣式」只作用於外觀，不會變形路徑本身，故套用後你仍可更改字體種類及字體大小，也可編輯、修改所輸入的文字內容。

**01** 執行「視窗 > 繪圖樣式資料庫 > 文字效果」命令，或按「繪圖樣式」面板左下角的「繪圖樣式資料庫選單」鈕，選擇「文字效果」以叫出該面板。
用「選取」工具 ▶ 選取文字物件❶，然後在剛剛開啟的面板中點選要套用的繪圖樣式❷。該繪圖樣式就會被套用至所選取的文字物件❸。

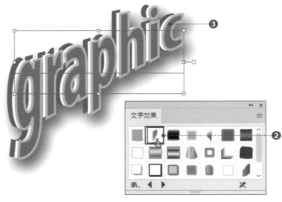

**02** 接著只要開啟「外觀」面板，你就能進一步詳細調整「填色」的顏色及變形程度等設定❹。

**03** 你還可用「選取」工具 ▶ 選取物件，再按下「繪圖樣式」面板下方的「新增繪圖樣式」鈕，就能將設定於該物件的樣式組合登錄為繪圖樣式❺。

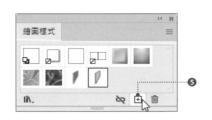

> **Memo**
> 「繪圖樣式資料庫」中提供了各種類型的繪圖樣式資料庫，建議你打開看看有哪些效果可用。
>
>

Lesson 9 │ 文字操作與段落設定

# 建立複合字體

利用 Illustrator 所提供的「複合字體」功能，你就能將各種日文字體和歐美字體組合起來，建立出原創的字體組合。

## 建立複合字體

若想自由組合自己喜歡的日文字體與歐美字體，建立出複合字體的話，請依如下步驟操作。

**01** 執行「文字 > 複合字體」命令，叫出「複合字體」對話視窗，按「新增」鈕 ❶。

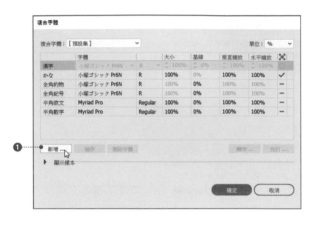

> **Memo**
> 若你在「文字」選單中沒看到「複合字體」命令，請於「偏好設定」對話視窗的「文字」分類中，勾選「顯示東亞選項」（➡ p.233）。

**02** 於「名稱」欄位輸入任意文字 ❷（這將成為複合字體的名稱），再按「確定」鈕。

若已有複合字體存在，則可於「基於」選單指定做為新增複合字體的基礎字體。

**03** 點按「顯示樣本」左側的按鈕 ❸，展開對話視窗下半部，讓各種參考線的切換按鈕顯示出來 ❹。這樣就能一邊檢視複合字體的狀態，一邊進行作業。

**04** 先分別點選 6 種字元分類 ❺，再逐一設定對應的字體屬性 ❻。
一旦完成所有的字體設定，就按「儲存」鈕 ❼，接著再按「確定」鈕 ❽。
如此便可建立出原創的字體組合。

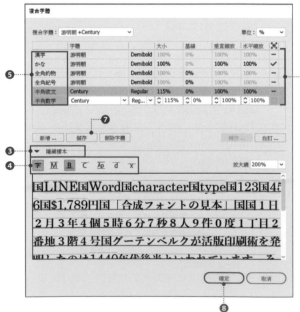

> **Memo**
> 只要按住 shift 鍵點選多個項目，便能一次變更多項設定。

# Lesson 9-18　以「觸控文字」工具自由變形文字

只要利用「觸控文字」工具 🅃，則不須將文字外框化處理，也能直接於行內以直覺的操作方式分別變形各個字元。

## 「觸控文字」工具的功能

「觸控文字」工具 🅃 是能夠以直覺的操作方式變形文字的工具。不需將一連串的文字轉換為個別物件，而是能於行內直接縮放、旋轉、移動字元。而且此工具還支援觸控裝置。

**01**　先建立好文字物件❶，然後在工具列上選取「觸控文字」工具 🅃 ❷。

**02**　這時滑鼠指標會變成「觸控文字」工具 🅃 的圖示，請點選你想變形的字元。點選後，該字元周圍就會出現控制點❸。
要旋轉字元的話，就沿弧形拖曳上方中央的控制點❹。

**03**　若拖曳右上角的控制點進行縮放變形，可維持寬高比例❺。
而拖曳左上和右下的控制點進行縮放，則不會維持寬高比例。
另外，按住控制點圍住的內側部分（字元）拖曳，還可自由移動字元的位置❻。但是不能改變字元的排列順序。

> **Memo**
> 字元縮放時的對齊基準，可在「字元」面板選單裡的「字元對齊方式」中指定。

**04**　想要更改特定字元的顏色時，就先用「觸控文字」工具 🅃 點選字元，再到「色票」面板或「顏色」面板指定顏色即可❼。

❶
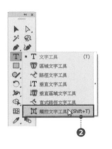

> 於「字元」面板選單選取「觸控文字工具」項目，便可讓「字元」面板顯示出「觸控文字工具」鈕。

❸
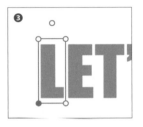

❹

❺

❻

❼

> 關於「顏色」面板及「色票」面板的用法，請見 p.121 及 p.122。

Lesson 9 ｜ 文字操作與段落設定

# 9-19 顯示隱藏字元

若要讓預設不會顯示的「換行」及「空格」、「定位點」等控制字元顯示出來，請執行「文字 > 顯示隱藏字元」命令。

## 何謂控制字元

所謂的控制字元，就是指代表換行及全形空格、半形空格、定位點等的特殊字元。這些字元預設是隱藏的，但若你想檢視看看，也能夠讓他們立刻顯示出來。

右圖呈現的是圖稿的一般顯示狀態，控制字元並未顯示出來❶。

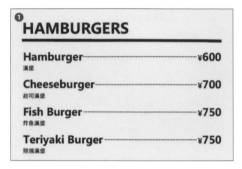

**01** 要讓控制字元顯示出來時，就執行「文字 > 顯示隱藏字元」命令❷。

**02** 這時該命令左側會出現打勾符號❸，而控制字元便會顯示出來❹。Illustrator能夠顯示以下這些控制字元。

- ▶ 換行
- ▶ 定位點（即按一下Tab鍵）
- ▶ 全形空格
- ▶ 半形空格
- ▶ 文字結尾

> **Memo**
> 控制字元雖能顯示，但無法印刷。而且轉存成其他格式的檔案後也無法顯示。

**03** 若要隱藏控制字元，就再次執行「文字 > 顯示隱藏字元」命令，取消其左側的打勾符號即可。

> **快 速 鍵**
> 控制字元的顯示／隱藏
> Win：Ctrl + Alt + I　　Mac：⌘ + option + I

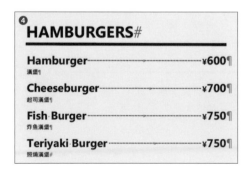

# Lesson · 10

Exercise Lessons.

# 綜合練習

## 從做中學，讓你實際動手的設計製作訓練

總結至此為止的所有內容，本章要進行的
是實際動手的製作訓練。一邊閱讀一邊操
作，不僅能讓你複習 Illustrator 中各個功
能的用法，還能學到如何搭配運用多種功
能，並了解實際的應用範例。

# 10-1　繪製潘洛斯三角

在此我們要畫的是以不可能的物體聞名的「潘洛斯三角」。這乍看困難，但其實只要沿著參考線描繪，你就能掌握其圖形構造，輕鬆地將它繪製出來。

## 製作參考線

首先要製作描繪物件用的參考線，請依如下步驟操作。

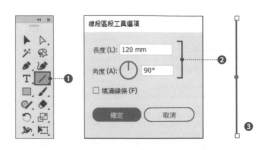

**01**　於工具列選取「線段區段」工具 ✐ ❶，然後在工作區域中點一下，叫出「線段區段工具選項」對話視窗。
設定「長度：120mm」、「角度：90°」❷，按「確定」鈕以描繪直線❸。

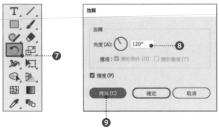

**02**　雙按工具列上「選取」工具 ▶ 的圖示，叫出「移動」對話視窗。
設定「水平：10mm」❹，按「拷貝」鈕❺，以複製物件。接著連按 7 次「再次變形」的快速鍵 Ctrl（⌘）＋ D，繪製出共 9 條直線❻。

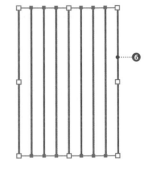

**03**　以「選取」工具 ▶ 選取所有物件，再雙按工具列上的「旋轉」工具 ↻ 圖示❼，叫出「旋轉」對話視窗。
設定「角度：120°」❽，按「拷貝」鈕❾，以複製物件。緊接著按 1 次「再次變形」的快速鍵 Ctrl（⌘）＋ D。這時物件就會排列成如圖的形狀❿。

<table>
<tr><td>04</td><td>用「選取」工具 ▶ 選取所有物件後，執行「檢視＞參考線＞製作參考線」命令⑪，將這些物件轉換成參考線⑫。</td><td>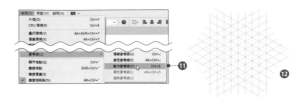</td></tr>
</table>

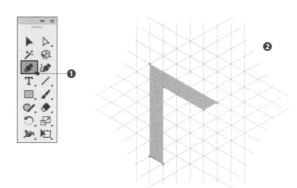

### 繪製圖形

接下來沿著所建立的參考線來繪製物件，請依如下步驟操作。

<table>
<tr><td>01</td><td>於工具列選取「鋼筆」工具 ✐ ❶，然後在參考線上點按，描繪出形狀如右圖般的物件❷。</td></tr>
</table>

<table>
<tr><td>02</td><td>至「漸層」面板點按漸層方塊❸，為物件套用漸層❹，並將漸層設定為如下。</td><td rowspan="8"><br /></td></tr>
<tr><td colspan="2">▷「類型：線性」</td></tr>
<tr><td colspan="2">▷「角度：-150°」</td></tr>
<tr><td colspan="2">▷「色標：位置：10%」、「顏色：C=35 M=45 Y=100 K=30」</td></tr>
<tr><td colspan="2">▷「中點：位置：50%」</td></tr>
<tr><td colspan="2">▷「色標：位置：50%」、「顏色：C=0 M=10 Y=45 K=0」</td></tr>
<tr><td colspan="2">▷「中點：位置：50%」</td></tr>
<tr><td colspan="2">▷「色標：位置：100%」、「顏色：C=25 M=30 Y=80 K=10」</td></tr>
</table>

<table>
<tr><td>03</td><td>以「選取」工具 ▶ 選取物件後，雙按工具列上的「旋轉」工具 ⟳ 圖示，叫出「旋轉」對話視窗。<br />設定「角度：120°」❺，按「拷貝」鈕❻，以複製物件。緊接著按 1 次「再次變形」的快速鍵 Ctrl （⌘）+ D 。這時物件就會排列成如圖的形狀❼。</td><td><br /><br /></td></tr>
</table>

<table>
<tr><td>04</td><td>最後將各物件配置為如右圖狀，即完成❽。</td><td></td></tr>
</table>

## 10-2 製作復古風格的文字

用「漸變」工具 建立漸變物件，替文字物件添加立體感，創造有點懷舊的復古風情。

### 輸入文字並設定「填色」

**01** 先在「色票」面板新增並登錄以下設定值的色票❶。

- ▶ 白色：「C=0 M=0 Y=0 K=0」
- ▶ 藍綠色：「C=65 M=0 Y=40 K=0」
- ▶ 紫色：「C=67 M=82 Y=54 K=15」
- ▶ 粉紅色：「C=0 M=45 Y=18 K=0」

**02** 在工具列選取「文字」工具 T ❷，建立點狀文字物件，再於「字元」面板進行如下設定❸。

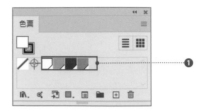

- ▶ 「字體：Alternate Gothic No3 D」
- ▶ 「字體大小：150Q」
- ▶ 「字距微調：120」

**03** 接著用「色票」面板和「筆畫」面板將「填色」與「筆畫」設為以下值❹。

- ▶ 「填色：無」
- ▶ 「筆畫：紫色」
- ▶ 「筆畫寬度：3mm」

**04** 以「選取」工具 ▶ 選取文字物件後，雙按工具列上的「選取」工具 ▶ 圖示（或按鍵盤上的 Enter （ Return ）鍵），叫出「移動」對話視窗。
輸入如下的設定值，再按「拷貝」鈕以複製❺。

- ▶ 「水平：3mm」
- ▶ 「垂直：-3mm」

05 複製出的文字物件會重疊在原文字物件的右上方。以「選取」工具 ▶ 點選這個複製出的文字物件後 ❻，按 Ctrl + C（⌘ + C）鍵將之複製起來。

06 執行「視窗 > 圖層」命令，叫出「圖層」面板。點按「製作新圖層」鈕 ❼ 以新增圖層，並將新增的圖層更名為「表面」❽。

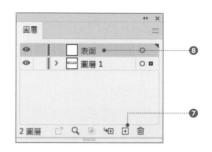

07 於「圖層」面板點按「表面」圖層的 ❾ 處，使之呈現雙層的同心圓狀，再按下 Ctrl + shift + V（⌘ + shift + V）鍵，將剛剛複製的文字物件貼在相同位置。

08 繼續將「填色」和「筆畫」設定為如下 ❿，然後點按「切換可見度」鈕將該圖層隱藏起來 ⓫。

▶ 「填色：藍綠色」
▶ 「筆畫：白色」
▶ 「筆畫寬度：1mm」

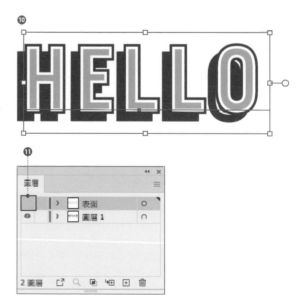

### 製作漸變物件

01　雙按工具列上的「漸變」工具  圖示❶，叫出「漸變選項」對話視窗，完成如下的設定後，按「確定」鈕❷。

　　▶「間距：指定階數：30」

02　在工具列上選取「漸變」工具 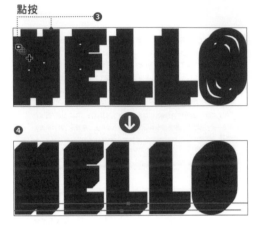，再依序點按兩個文字物件❸。

點按

03　這時兩個文字物件便會漸變混合，連接在一起❹。而其實 Illustrator 是在這兩個文字物件之間，顯示出 30 個文字物件，讓兩者看起來像是彼此相連的樣子。接著選擇「選取」工具 ▶，點選漸變物件後，按 Ctrl + C（⌘ + C）鍵複製。

04　叫出「圖層」面板，點按「製作新圖層」鈕❺，新增一圖層。
　　並且將新增的圖層更名為「側面」❻。

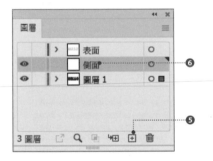

05　點按「圖層」面板中「側面」圖層的❼處，使之呈現雙層的同心圓狀，再按下 Ctrl + shift + V（⌘ + shift + V）鍵，將剛剛複製的物件貼在相同位置。
　　繼續將最下層的圖層更名為「陰影」❽。
　　並將「側面」圖層隱藏起來❾。

06 於工具列選取「直接選取」工具 ▷
⑩，點選漸變物件中最右側的物件
⑪，接著雙按工具列上的「選取」工
具 ▶ 圖示（或按鍵盤上的 Enter
（Return）鍵），叫出「移動」對話視窗。
輸入如下的設定值，再按「確定」鈕
以移動物件⑫。

▷ 「水平：2mm」
▷ 「垂直：9mm」

移動

位置
水平 (H)：2 mm
垂直 (V)：9 mm
距離 (D)：9.22 mm
角度 (A)：-77.47°

選項
☑ 變形物件 (O)　☐ 變形圖樣 (T)

☑ 預視 (P)　⑫

拷貝 (C)　　確定　　取消

07 於工具列選取「選取」工具 ▶，點
選漸變物件後，於「透明度」面板進
行如下的設定⑬。

▷ 「漸變模式：色彩增值」
▷ 「不透明度：30%」

透明度　　　　　　　　　⑬

色彩增值　　不透明度：30%

HELLO　　🚫　　製作遮色片
　　　　　　　　☐ 剪裁
　　　　　　　　☐ 反轉遮色片

08 在最下層鋪上粉紅色的背景，並將所
有圖層都顯示出來，即大功告成⑭。

Memo

本例是以「圖層」面板的實際操作和「漸變」
工具 🔲 的用法為中心進行解說，但其實同樣
的圖稿可以有各式各樣不同的製作方式。請查
看範例檔的內容，以瞭解其他如運用「外觀」
面板的製作及編排方式。

# 10-3 製作懷舊風格的標籤

本例將結合各種操作與功能，創作出充滿懷舊氣氛的標籤設計。

## 製作基底

**01** 先在「色票」面板新增並登錄以下設定值的色票❶。

- ▶ 深棕色：C=30 M=45 Y=50 K=80
- ▶ 淺褐色：C=35 M=45 Y=75 K=0

**02** 從工具列選取「橢圓形」工具 ❷，於工作區域中點一下，叫出「橢圓形」對話視窗。

設定「寬度：150mm」、「高度：150mm」後，按「確定」鈕，繪製出正圓形❸。

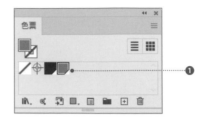

**03** 選取繪製出的正圓形，在「色票」面板進行以下設定❹。

- ▶ 「填色：深棕色」、「筆畫：無」

接著按 Ctrl + C （⌘ + C）鍵複製該物件後，立刻按 Ctrl + F （⌘ + F）鍵貼至上層。這樣就有兩個深棕色的正圓形上下重疊，但外觀並無變化。

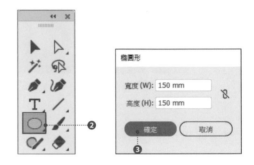

**04** 用「選取」工具 ▶ 點選上層物件❺，叫出「變形」面板，啟用「強制寬高等比例」功能❻，「參考點」設在中央❼，指定「寬：140mm」、「高：140mm」以變形❽。

繼續再用「色票」面板和「筆畫」面板如下設定其「填色」與「筆畫」。

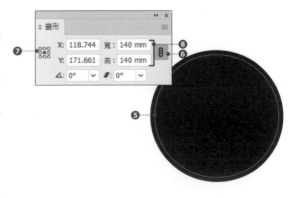

- ▶ 「填色：無」、「筆畫：淺褐色」
- ▶ 「筆畫寬度：0.5mm」

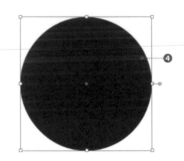

**05** 選取上層物件，依前一步驟的方式再複製出 3 個物件，亦即總共複製出 4 個物件。並對各複製物件做如下設定。

由外而內依序為：

▶ 「寬、高：140mm」、「筆畫寬度：0.5mm」

▶ 「寬、高：135mm」、「筆畫寬度：2mm」

▶ 「寬、高：130mm」、「筆畫寬度：0.5mm」

▶ 「寬、高：100mm」、「筆畫寬度：0.5mm」

**06** 選取從外往內數的第 2 個複製物件 ❾，在「筆畫」面板設定「端點：圓端點」❿，並勾選「虛線」項目⓫，再如下設定。

▶ 「將虛線對齊到尖角和路徑終點，並調整最適長度」⓬

▶ 「虛線：0mm」⓭

▶ 「間隔：4mm」⓮

**07** 用「選取」工具 ▶ 點選最下層的深棕色正圓形⓯，執行「效果＞扭曲與變形＞鋸齒化」命令，叫出「鋸齒化」對話視窗。

輸入如下的設定值後，按「確定」鈕套用⓰。

▶ 「尺寸：2.5mm」

▶ 「絕對的」

▶ 「各區間的鋸齒數：9」

▶ 「平滑」

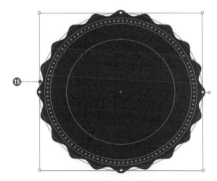

### 配置文字並添加裝飾

**01** 用「直接選取」工具 ▷ 點選最內側物件的最下端錨點後，按 Delete（BackSpace）鍵刪除該錨點。

**02** 接著要建立路徑文字。

從工具列選取「文字」工具 T，再點按呈現為半圓弧的路徑，將之轉換為路徑文字物件②。

輸入文字後，拖曳各括號以調整文字的排列位置③，並於「字元」及「段落」面板進行如下的各項設定。關於文字物件的詳細設定值，請查看範例檔的內容。

▶ 「字體：Alternate Gothic No3 D」
▶ 「字體大小：40Q」
▶ 「字距微調：300」
▶ 「字元對齊方式：全形字框，置中」、「段落：置中對齊」

**03** 繼續用「文字」工具 T 建立點狀文字並妥善配置④。

**VINTAGE**

▶ 「字體：AdornS Serif」
▶ 「字體大小：80Q」
▶ 「字距微調：20」

**GUARANTEED**

▶ 「字體：Alternate Gothic No3 D」
▶ 「字體大小：35Q」
▶ 「字距微調：100」

**04** 接下來要使用裝飾字體來添加裝飾。用「文字」工具 T 於工作區域中點一下，刪除自動輸入的範例文字後，叫出「字符」面板，於左下角的字體選單選擇要用的字體⑤。你可以啟用 Adobe Fonts 以增加可用的字體。詳細設定值請查看範例檔內容。

▶ 「字體：Beloved Ornaments」

在「字符」面板中雙按欲使用的裝飾字元，即可輸入該字元⑥。

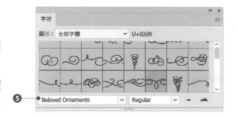

**05** 用「選取」工具 ▶ 選取已輸入的裝飾文字，然後執行「文字＞建立外框」命令，將文字物件轉換成路徑物件❼。由於轉換出的路徑物件會自動被群組起來，故先執行「物件＞解散群組」命令以解散群組後，再妥善配置❽。而本例還另外添加了星形與矛頭形狀的裝飾物件❾。

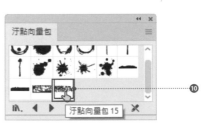

**06** 最後還要做一些仿舊處理。
用「選取」工具 ▶ 選取除最下層深棕色物件以外的所有其他物件，然後執行「物件＞組成群組」命令，將所選物件群組起來。
繼續執行「視窗＞符號資料庫＞汙點向量包」命令，叫出「汙點向量包」面板，將其中的「汙點向量包 15」符號物件拖曳至工作區域❿。

**07** 使用「選取」工具 ▶，按住 Alt （option）鍵拖曳複製出多個「汙點向量包 15」的物件，並妥善配置後，將之群組起來⓫。
把「文字和裝飾」以及「汙點向量包」這兩個群組一起選取起來，再叫出「透明度」面板，按下其中的「製作遮色片」鈕⓬。取消「剪裁」項目⓭。這樣就大功告成了⓮。

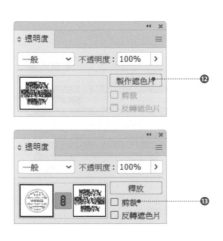

# 10-4 將文字加工為浮雕風格

本例將運用「外觀」面板來搭配組合多種「填色」與「效果」，做出有如在紙張上壓印花紋（浮雕、凸印）般的視覺風格。

## 輸入文字並設定「填色」

**01** 於工具列點選「文字」工具 T，**❶**，建立出點狀文字物件。
然後在「字元」面板設定字體、字體大小。本例是設定為「字體：Adobe Garamond Pro Bold」、「字體大小：150Q」**❷**。

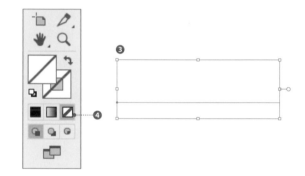

**02** 用「選取」工具 ▶ 點選文字物件**❸**，再點一下工具列下端的「填色」方塊將之切換至上層後，點選「無」方塊**❹**，以設定「填色：無」。

**03** 接著執行「視窗＞外觀」命令，叫出「外觀」面板。這時「外觀」面板會顯示為**❺**的狀態。

**04** 點按「外觀」面板下端從左起算的第2個按鈕，亦即「新增填色」鈕**❻**。
這樣就會新增出一組「筆畫」與「填色」**❼**，且其中的「填色」為黑色**❽**。
而接下來各步驟中的「外觀」面板操作，都是在以「選取」工具 ▶ 選取文字物件後的狀態下進行。

05 在「外觀」面板點選「填色」項目後，
按下方的「複製選取項目」鈕❾，以
複製「填色」。
緊接著再按一次該按鈕，再複製一次
「填色」，做出共3個「填色」項目❿。

06 點按最上層「填色」項目的顏色方塊，
叫出「色票」面板⓫，設定「填色：
C=0 M=0 Y=0 K=50」⓬。

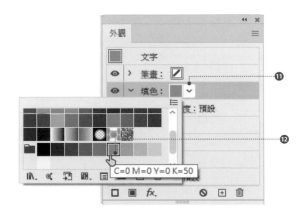

07 繼續以同樣的操作方式，將由上往下
數的第2個「填色」項目設為「填色：
白色」⓭，將第3個「填色」項目設
為「填色：黑色」⓮。
這時，由於各個「填色」處於上下重
疊狀態，故文字物件的外觀只會顯示
出最上層的「填色」設定，也就是
50%的灰色⓯。

從工具列點選「矩形」工具 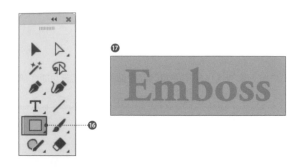 **16**，拖曳繪製出長方形物件，並配置在文字物件的下層做為背景**17**。

此長方形的「填色」請設為如下值。

▶「填色：C=24 M=21 Y=30 K=0」

另外再把設定給背景的這個顏色新增並登錄至「色票」面板。

### 🖱 在「外觀」面板設定效果

為填色套用效果，創造出立體感。設定亮部與陰影。

01 在「外觀」面板中，點選由上往下數的第 2 個白色「填色」項目**1**，然後點按面板下端的「新增效果」鈕**2**，選擇「扭曲與變形＞變形」**3**（或是從選單列執行「效果＞扭曲與變形＞變形」命令），叫出「變形效果」對話視窗。輸入如下的設定值，再按「確定」鈕**4**。

**縮放**

▶「水平：100%」

▶「垂直：100%」

**移動**

▶「水平：-0.1mm」

▶「垂直：-0.5mm」

02 繼續在「外觀」面板中，點選由上往下數的第 3 個黑色「填色」項目，以同樣的操作方式叫出「變形效果」對話視窗，輸入並套用如下的設定值。

**縮放**

▶「水平：100%」

▶「垂直：100%」

**移動**

▶「水平：0.1mm」

▶「垂直：0.5mm」

這樣就能像右圖般，將白色偏移配置於灰色文字的上方與左側，將黑色偏移配置於灰色文字的下方與右側，藉由添加亮部與陰影的方式來創造立體感**5**。

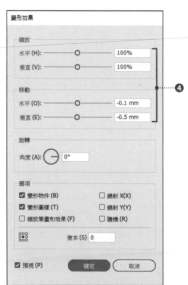

**03** 將輪廓模糊化。

在「外觀」面板中，點選最上層的 50% 灰色「填色」項目❻，然後點按面板下端的「新增效果」鈕，選擇「風格化＞羽化」❼，（或是從選單列執行「效果＞風格化＞羽化」命令），叫出「羽化」對話視窗。輸入如下的設定值，再按「確定」鈕❽。

▶ 「半徑：0.5mm」

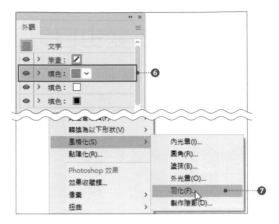

**04** 以同樣的操作方式，替由上往下數的第 2 和第 3 個「填色」項目也都套用「羽化」效果。

如此一來，文字的輪廓就會如右圖般模糊化，整體呈現出較柔和的印象❾。

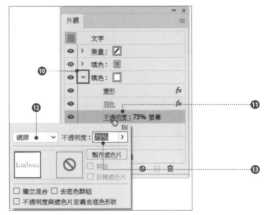

**05** 接下來要變更不透明度，稍微降低亮部與陰影的強度。

在「外觀」面板中，點選由上往下數的第 2 個白色「填色」項目❿，再點按其下的「不透明度」字樣⓫，叫出「透明度」面板，輸入如下的設定值。

▶ 「漸變模式：網屏」⓬
▶ 「不透明度：75%」⓭

繼續以同樣的操作方式，替由上往下數的第 3 個黑色「填色」項目指定如下的設定值⓮。

▶ 「漸變模式：色彩增值」
▶ 「不透明度：50%」

這樣亮部與陰影便會減弱，看起來更柔和⓯。

**06** 最後，在「外觀」面板中，點按最上層「填色」項目的顏色方塊⓰，叫出「色票」面板，指定套用先前設定為背景色並加以登錄的色票⓱。

接著按住 shift 鍵再次點按此「填色」項目的顏色方塊⓲，叫出「顏色」面板，拖曳其中的顏色滑桿，將其顏色調整得比背景色稍微淡一些⓳。

這樣就大功告成了⓴。

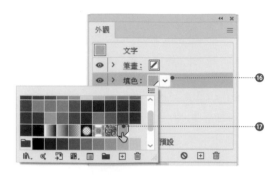

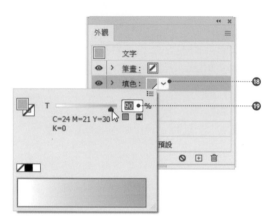

┌ Memo ┐
只要選取已設定了各種外觀項目的物件，再按「繪圖樣式」面板中的「新增繪圖樣式」鈕㉑，就能將物件上的整組外觀設定登錄為繪圖樣式。

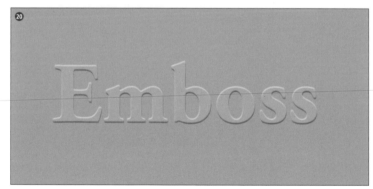

一旦登錄為繪圖樣式，日後就能以點按指定的方式，輕輕鬆鬆地替物件套用同樣的設定組合。

┌ Memo ┐
稍微改變一下設定值，還能做出壓凹的效果呢。請查看範例檔的內容以瞭解以下效果的詳細設定。

# Lesson · 11

## 環境設定與檔案輸出

可提升操作便利性及作業效率的環境設定和檔案輸出

本章將詳細介紹能大幅提升操作便利性及
作業效率的環境設定。即使只是小小的設
定差異,也可能大大改變你的作業效率。
另外還會介紹輸出、轉存檔案的方法,以
便將 Illustrator 製作的圖稿運用於其他軟
體中。

# 11-1 變更工作區域的尺寸及其他設定

欲變更工作區域的設定時，你必須選取「工作區域」工具 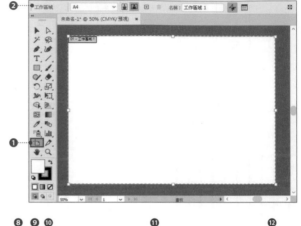，以切換至工作區域編輯模式。你可在控制列使用各種按鈕或直接指定各種數值，另外也可用「工作區域」工具 以直覺化的操作方式來設定。

## 工作區域編輯模式

一旦於工具列點選「工作區域」工具 ❶，
工作區域周圍就會出現邊框，亦即切換至「工
作區域編輯模式」❷。這時你可利用控制列
上的各種按鈕，來改變工作區域的方向及尺
寸等。
而編輯完成後，就選取工具列上的任一個其
他工具即可。

### 控制列上的工作區域相關設定項目

| 設定項目 | 說明 |
| --- | --- |
| ❸預設集 | 從內建的預設集選擇尺寸 |
| ❹直式／橫式 | 點按各按鈕，就能切換方向為直式或橫式。 |
| ❺新增工作區域 | 點按此鈕，就能建立出與目前所選工作區域一樣尺寸的新工作區域。 |
| ❻刪除工作區域 | 刪除目前所選取的工作區域 |
| ❼名稱 | 可替工作區域設定任意名稱 |
| ❽移動／拷貝具有工作區域的圖稿 | 一旦點按以啟用此功能，便能在以「工作區域」工具移動、拷貝工作區域時，也將工作區域中的物件一併移動、拷貝。 |
| ❾工作區域選項 | 可叫出目前所選工作區域的「工作區域選項」對話視窗，並指定是否要顯示出「中心標記」、「十字線」、「視訊安全區域」等參考標記。 |
| ❿參考點 | 指定工作區域的參考點位置 |
| ⓫座標值與寬、高 | 顯示工作區域的參考點座標值與尺寸。可直接輸入數值以指定座標值及尺寸。 |
| ⓬全部重新排列 | 可叫出「重新排列所有工作區域順序」對話視窗 |

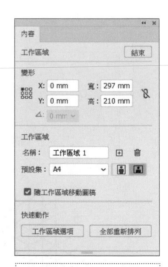

控制列與「內容」面板上的工作區域相關設定項目名稱略有不同。

222

### 以拖曳的方式縮放工作區域

使用「工作區域」工具 🔳 拖曳工作區域邊框上的控制點，便可放大、縮小工作區域。

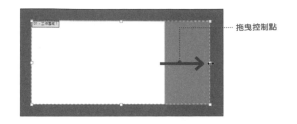

拖曳控制點

### 使工作區域的尺寸符合物件大小

用「工作區域」工具 🔳 雙按物件❶，便能使工作區域配合物件，縮放成剛好可容納物件的大小。

而點一下物件，則可建立剛好容納物件的新工作區域。

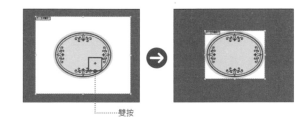

雙按

### 以拖曳的方式新增工作區域

使用「工作區域」工具 🔳 ，在工作區域以外的空白處拖曳，便能建立新工作區域❷。

> 而點按左頁所列的「新增工作區域」鈕，則可建立出與目前所選工作區域具有相同設定的新工作區域。

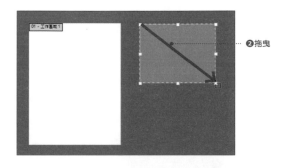

❷拖曳

### 複製工作區域

使用「工作區域」工具 🔳 ，按住 Alt（option）鍵拖曳既有的工作區域❸，就能複製該工作區域。

❸ Alt（ option ）+ 拖曳

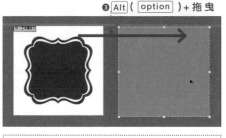

> 若有按下左頁所列的「移動／拷貝具有工作區域的圖稿」鈕（在「內容」面板中為「隨工作區域移動圖稿」項目），則在複製工作區域時，會將其中的物件也一起複製。

### 刪除工作區域

用「工作區域」工具 🔳 點選工作區域後，按 Delete（ BackSpace ）鍵，或是按控制列或「內容」面板上的「刪除工作區域」鈕❹，就可刪除該工作區域（只有一個工作區域時無法刪除）。

❹點按

## Lesson 11-2 編輯多個工作區域的名稱及順序、配置

欲管理多個工作區域時，就使用「工作區域」面板。在此面板中，你除了能設定工作區域的名稱及順序外，還可重新排列、對齊文件中的各個工作區域。

### 變更工作區域的名稱

執行「視窗 > 工作區域」命令，叫出「工作區域」面板，在面板中雙按欲更名之工作區域的名稱處，即可輸入新名稱❶。

**Memo**
你所設定的工作區域名稱，會在轉存檔案時反映於檔名上。

你也可使用「工作區域」工具點選欲更名之工作區域後，在控制列或「內容」面板的「名稱」欄位設定工作區域的名稱（➡ p.222）。

### 調換工作區域的順序

顯示在「工作區域」面板左側的編號，代表的是「工作區域的順序」❷。欲調換工作區域的順序時，就在「工作區域」面板上點選工作區域❸，然後點按「向上移動」或「向下移動」鈕❹來移動。

**Memo**
工作區域的順序會在建立多頁 PDF 檔時，反映於頁面順序上。

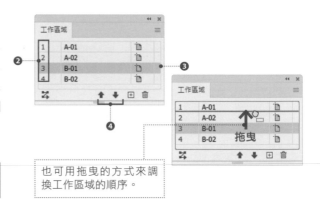

也可用拖曳的方式來調換工作區域的順序。

---

**實用的延伸知識！** ▶ **重新排列、對齊工作區域**

若要重新排列工作區域，就選取「工作區域」工具 📄，然後在控制列或「內容」面板中點按「全部重新排列」鈕❶，叫出「重新排列所有工作區域順序」對話視窗。在對話視窗中設定配置的方式及方向、直欄數、間距、是否要隨工作區域移動圖稿等❷，再按「確定」鈕。如此便能重新排列工作區域，依設定對齊、配置各工作區域。

除了上述做法外，你也可使用「工作區域」工具 📄，按住 shift 鍵點選多個工作區域後，再以「對齊」面板進行對齊處理（➡ p.105）。

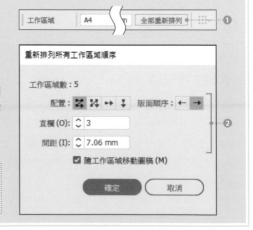

# 11-3 建立 PDF 檔

舉凡網頁用、縮小以做為電子郵件附件用、商業印刷用、用於簡報資料的多頁 PDF…等等,各式各樣不同用途的 PDF 檔,Illustrator 都能夠輕易建立出來。

## 另存為 PDF 格式

請開啟事先製作好的 Illustrator 檔,在此我們要練習將之另存為 PDF 格式。

建立新增文件後,你也可於存檔時直接選擇存成「存檔類型:Adobe PDF (*.PDF)」而非「Adobe Illustrator (*.AI)」,也就是一開始就存成 PDF 格式的檔案,但這種做法可能會因使用的字體及所置入的影像等製作資源的條件不同,而發生意料之外的問題,所以一般不建議採用。

01 開啟既有的 Illustrator 檔,執行「檔案 > 另存新檔」命令,叫出「另存新檔」對話視窗。
指定檔名與儲存位置,並選擇「存檔類型:Adobe PDF (*.PDF)」❶。若文件中有多個工作區域,還可指定要轉存「全部」或「範圍」❷。設定完成後,就按「存檔」鈕。

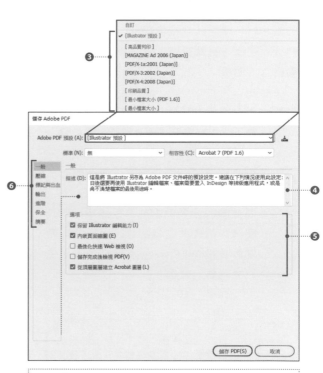

02 這時會彈出「儲存 Adobe PDF」對話視窗,請在「Adobe PDF 預設」選單選擇符合用途的「Adobe PDF 預設集」❸。
「描述」欄位會顯示出目前所選預設集的說明❹,請先仔細看過再做選擇。接著依需要設定其他各選項❺。設定完成後就按「儲存 PDF」鈕。如此便能將 PDF 檔儲存至指定的位置。

> **Memo**
> 還有影像的壓縮比例及密碼等其他各種細節可設定❻。

> 勾選「保留 Illustrator 編輯能力」項目,該 PDF 就能夠用 Illustrator 編輯,但這樣會導致檔案變得很大。故請依需要決定是否勾選此項。

> **Memo**
> 「Adobe PDF 預設」選單中也提供了「PDF/X-1a:2001 (Japan)」、「PDF/X-3:2002 (Japan)」、「PDF/X-4:2008 (Japan)」等經 ISO 認證、針對商業印刷用途最佳化的 PDF 格式。「PDF/X」類的規格可避免因作業環境不同所產生的意外問題。而關於商業印刷用的 PDF 檔案處理,請務必與印刷廠確認細節。

# 11-4 將圖稿轉存為 PNG 或 JPG 格式

要輸出、轉存圖檔時,只要使用「資產轉存」面板或「轉存為螢幕適用」對話視窗,就能透過簡單的操作來指定尺寸及檔案格式以進行轉存。

## 「資產轉存」面板的操作

這裡所謂的資產,就是指「設計的元素或零件」。在 Illustrator 中,你可透過簡單的操作,將製作好的圖稿新增至「資產轉存」面板,並進行轉存。

要轉存網頁或手機用的圖像、供 Microsoft Office 用的圖檔,或是要輸出多個不同尺寸的圖片時,使用此面板會很有效率。

執行「視窗>資產轉存」命令,即可叫出「資產轉存」面板。

**01** 用「選取」工具 ▶ 選取想轉存的圖稿後,將之拖曳到「資產轉存」面板❶。

**02** 這時該圖稿就會新增為「資產轉存」面板中的資產,並以縮圖顯示❷。

而要將包含多個物件的圖稿新增為資產時,請先將之群組起來,或是於新增時按住 Alt(option)鍵拖曳,以便新增為單一資產。

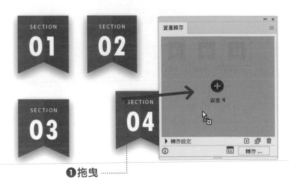

❶拖曳

> **Memo**
> 若是編輯、修改已加入至「資產轉存」面板中的物件,則修改後的結果會自動反映至「資產轉存」面板。

**03** 在「資產轉存」面板中點選要轉存的資產。若要一次選取多個資產,可按住 shift 鍵點選。

接著展開下方的「轉存設定」區,指定轉存影像的尺寸(縮放比例)❸,以及檔案格式❹,然後按「轉存」鈕❺。這時會彈出指定影像轉存位置的對話視窗,請指定要將圖檔存放在哪個資料夾。

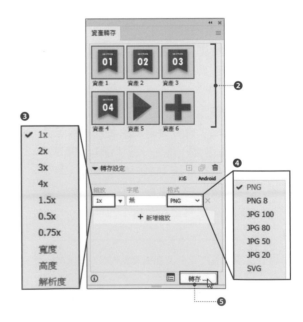

| 設定項目 | 說明 |
|---|---|
| ❶資產名稱 | 預設會命名為「資產 00」這樣形式的名稱。點按名稱處即可更改名稱,而此名稱會反映於轉存的檔名上。 |
| ❷縮放 | 指定轉存影像的尺寸(縮放比例)。可選擇「1x」(等比例)、「2x」(2 倍)等倍數,或是「寬度」、「高度」、「解析度」等。 |
| ❸字尾 | 可指定要附加在轉存圖檔檔名末尾的字串 |
| ❹格式 | 可指定要轉存為 PNG、JPG 壓縮檔、SVG 或 PDF 等檔案格式。 |
| ❺新增縮放 | 可新增其他的縮放比例+檔案格式組合 |
| ❻新增資產 | 可將選取的圖稿新增為資產,有「從選取範圍中產生單一資產」和「從選取範圍中產生多個資產」兩種新增方式。 |
| ❼移除資產 | 將選取的資產從此面板移除 |
| ❽新增預設集 | 可新增 iOS 裝置及 Android 裝置用的預設集 |
| ❾開啟轉存對話視窗 | 可叫出「轉存為螢幕適用」對話視窗。請參考以下「轉存工作區域」的說明。 |

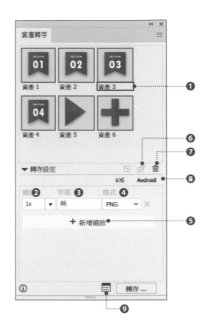

## 轉存工作區域

執行「檔案>轉存>轉存為螢幕適用」命令,叫出「轉存為螢幕適用」對話視窗。

01 這時,配置於文件內的工作區域會以縮圖形式顯示在對話視窗中,請點選縮圖以指定要轉存的範圍❶。

02 點按「轉存至」欄位右側的資料夾圖示❷,便會彈出指定影像轉存位置的對話視窗,請指定要將圖檔存放在哪個資料夾。

03 接著指定轉存影像的尺寸(縮放比例)❸,以及檔案格式,再按下「轉存工作區域」鈕❹即可。

┌ Memo ┐

若想進一步指定轉存影像的格式細節,則可點按❺,叫出「格式設定」對話視窗來設定。

## Lesson 11-5　轉存為 Photoshop 格式（psd）的檔案

若是想輸出 Photoshop 格式的檔案，就在「轉存」對話視窗中選擇「存檔類型：Photoshop（\*.PSD）」，並在「Photoshop 轉存選項」對話視窗中設定「解析度」及「選項」。

### 🐭 轉存為 PSD 格式的檔案

在「轉存」對話視窗中，將「存檔類型」選為「Photoshop（\*.PSD）」。

**01** 執行「檔案>轉存>轉存為」命令，叫出「轉存」對話視窗。

指定檔名與儲存位置，並將「存檔類型」選為「Photoshop（\*.PSD）」❶。若要以工作區域的尺寸輸出，就勾選「使用工作區域」項目。而若有多個工作區域，還可指定輸出範圍（要輸出哪幾個工作區域）❷。接著按「轉存」鈕。

**02** 這時會彈出「Photoshop 轉存選項」對話視窗，請逐一選擇「色彩模式」、「解析度」，並設定各選項❸。

設定完成後，按「確定」鈕，就能夠轉存出 Photoshop 格式（psd）的檔案了。

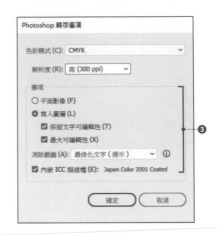

> **Memo**
> 用 Illustrator 建立的物件，也能直接以複製、貼上的方式配置到 Photoshop 的文件中。相關詳情請參考 Photoshop 的說明文件。

### ●「Photoshop 轉存選項」對話視窗的設定項目

| 設定項目 | 說明 |
|---|---|
| 色彩模式 | 設定所轉存檔案的色彩模式 |
| 解析度 | 設定所轉存檔案的解析度 |
| 平面影像 | 選此項會將所有圖層合併，轉存為點陣化影像。可保留圖稿的視覺外觀。 |
| 寫入圖層 | 選此項可保留圖層。<br>若勾選「保留文字可編輯性」，會盡可能將文字物件轉換成 Photoshop 的文字圖層。但像是套用了特定效果或「筆畫」設定有顏色的文字，就無法保留可編輯性。<br>若勾選「最大可編輯性」，就能在不影響圖稿外觀的前提下，將 Illustrator 的「複合形狀」物件轉換成 Photoshop 的「形狀圖層」。<br>另外，即使選擇「寫入圖層」，若文件中包含無法輸出為 Photoshop 格式的資料，Illustrator 就會以維持圖稿外觀為第一優先，合併圖層、複合形狀、文字物件等，進行點陣化處理。 |
| 消除鋸齒 | 所謂的消除鋸齒，就是將輪廓模糊化，好讓輪廓與背景能夠自然融合。此設定項目有「無」、「最佳化線條圖（超取樣）」和「最佳化文字（提示）」3 種可選。 |
| 內嵌 ICC 描述檔 | 勾選此項，便可內嵌色彩描述檔。 |

## Lesson 11-6 轉存為網頁用的檔案格式

你可以一邊預覽結果一邊調整影像品質及檔案大小，以轉存出最佳化的網頁用影像檔。

### 📷 儲存為網頁用

要將文件中的圖稿轉存成網頁用影像時，請依如下步驟操作。

**01** 執行「檔案 > 轉存 > 儲存為網頁用（舊版）」命令❶，叫出「儲存為網頁用」對話視窗。

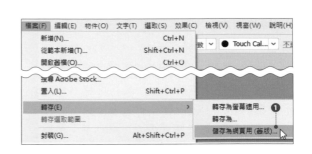

**02** 點按上方的「2 欄式」索引標籤❷以切換檢視方式。

「原始」是經最佳化處理前的原始影像，「最佳化」則是經最佳化處理後的影像。

先點選預視窗格❸，然後再進行最佳化設定。

若要設定切片，則先以「切片選取」工具❹點選目標切片，再分別進行設定。

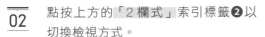

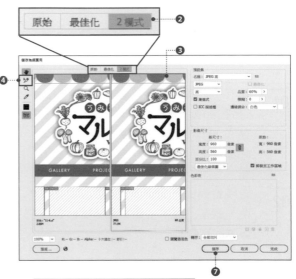

**03** 先選內建的預設集❺，再依需要調整各項目。

一般來說，有用到照片及漸層的圖稿要選「JPEG」，圖示或插圖等則選「PNG」或「GIF」。

要盡量設定成和原始影像相比，影像品質看起來沒有太差，檔案又比較小的狀態❻。

設定完成後，點選所設定的預視窗格，再按「儲存」鈕❼。

**04** 在沒替影像設定連結的情況下，選擇「存檔類型：僅影像」❽後，按「存檔」鈕即可。

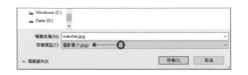

## Lesson 11-7　存成較舊版本

欲存成較舊版本的檔案時，就在「Illustrator 選項」對話視窗中設定目標版本即可。而一旦降低版本，便可能有部分功能會被擴充或展開，以至於再也無法編輯。

### 降低版本

請執行「檔案＞另存新檔」命令，然後在「Illustrator 選項」對話視窗中設定目標版本。由於目前所用版本的 Illustrator 可能包含舊版不支援的功能，因此當文件包含不具相容性的內容時，若降低版本儲存，Illustrator 便會為了「維持外觀不變」，而擴充或展開部分功能，於是導致用了這些功能的部分都再也無法編輯，這點請特別注意了。

請務必保留一個製作時使用的原始版本，再以「另存新檔」的方式轉存較舊版本。

01　執行「檔案＞另存新檔」命令，叫出「另存新檔」對話視窗。指定檔名與儲存位置，選擇「存檔類型：Adobe Illustrator（*.AI）」❶，然後按「存檔」鈕。

02　這時會彈出「Illustrator 選項」對話視窗，就在「版本」選單選擇要儲存的版本即可❷。

Memo
當文件內有多個工作區域時，可在❸指定將各個工作區域分別存成獨立檔案。而包含透明效果的文件要存成 8 以前的版本時，可在❹做設定。

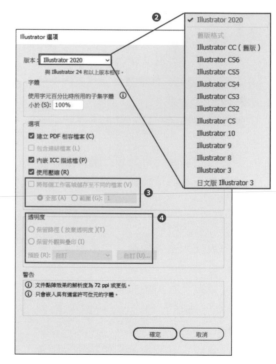

### ● 與舊版的主要相容性差異

| 較舊版本 | 相容性差異說明 |
|---|---|
| CS5 以前版本 | 「製作陰影」效果、「外光暈」效果、「高斯模糊」會被套用「擴充外觀」處理，轉成點陣影像。<br>套用漸層的「筆畫」會被展開。<br>套用了「影像描圖」的「描圖影像」會被展開。 |
| CS3 以前版本 | 當文件設有多個工作區域時，會轉成參考線，只留下一個工作區域。<br>而你也可選擇「將每個工作區域儲存至不同的檔案」。 |
| Illustrator 10 以前版本 | 文字有時會被拆散。 |
| Illustrator 8 以前版本 | 包含透明效果的部分會被展開。 |

# 處理別人製作的檔案

不論是本書的範例檔、市面上販售的素材集,還是從網路下載來的檔案等,在處理、使用別人製作的檔案時,有一些事項和要點必須注意。

## 開啟文件時的字體問題

開啟 Illustrator 的檔案時,若該文件內有使用你的環境中未安裝的字體,那麼就會彈出「遺失字體」對話視窗。若字體下方有顯示雲端圖示+「可用」字樣,那麼只要勾選其「啟動」欄❶,Illustrator 便會從雲端上的 Adobe Fonts 下載該字體❷。

而點按「尋找字體」鈕,則可開啟「尋找字體」對話視窗來進行替換處理❸。
(➡ p.199「在文件內尋找、取代字體」)

## 確認文件內容

開啟文件後,請先確認以下各項內容。

- ▷ 確認色彩模式 ( ➡ p.236「變更文件的色彩模式」)
- ▷ 確認有哪些物件被隱藏或鎖定 ( ➡ p.114「圖層的顯示/隱藏」、➡ p.115「鎖定圖層」)
- ▷ 選取物件,並於控制列或「內容」面板確認其屬性❹
- ▷ 選取物件,並於「外觀」面板確認其外觀屬性❺

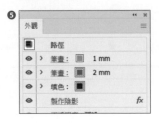

## 在文件之間移動圖稿

要將「A 文件」裡的物件配置到「B 文件」裡時,一般都採取複製並貼上的方式。只要按 Ctrl ( ⌘ ) + C 鍵複製欲配置的物件後,切換至目標文件並按 Ctrl ( ⌘ ) + V 鍵貼上即可。

## 要編輯前最好先另存新檔

要編輯別人製作的檔案時,請勿直接覆寫原檔案,一定要先「另存新檔」,並以你所使用的 Illustrator 版本來儲存。以新版 Illustrator 來編輯用舊版 Illustrator 製作之文件並覆寫儲存,有可能會因相容性而發生意料之外的問題。
( ➡ p.30「儲存檔案」、➡ p.230「存成較舊版本」)

| ILLUSTRATOR TEXTBOOK |

Lesson 11 | 環境設定與檔案輸出 |

231

## Lesson 11-8　偏好設定的基礎知識

使用 Illustrator 時，你可在「偏好設定」對話視窗中設定各種與 Illustrator 有關的項目。而在此僅針對較方便、常用，且具重要性的設定項目做解說。

### 確認偏好設定的內容

依據你要做的設定，從選單列執行「編輯＞偏好設定」（Mac 為「Illustrator ＞偏好設定」）下的對應分類❶，叫出「偏好設定」對話視窗。而開啟「偏好設定」對話視窗後，也還是能從左側的分類清單中點選以切換各個設定分類❷。

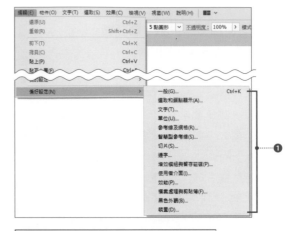

---

**Memo**

在已選擇「選取」工具 ▶ 但尚未選取任何物件的狀態下，點按控制列或「內容」面板中的「偏好設定」鈕，也可叫出「偏好設定」對話視窗❸。此外，「內容」面板還會直接顯示出一些偏好設定項目❹。

---

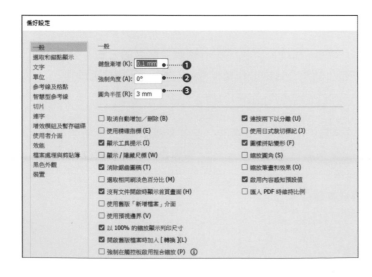

### 「一般」分類

**・「鍵盤漸增」**

設定按鍵盤方向鍵來移動所選物件的位置時，每按一次移動的距離❶。若是按 shift 鍵加方向鍵，則能以此設定值的 10 倍距離移動。

**・「強制角度」**

例如若設定 25°，則以繪圖類工具繪製物件，或是以「文字」工具建立文字物件時，就會建立出旋轉 25°的物件❷。而繪製物件後，再將此設定值恢復為 0°，文件內物件的角度並不會自動變成 0°。

**・「圓角半徑」**

設定以「圓角矩形」工具拖曳描繪時的預設值❸。

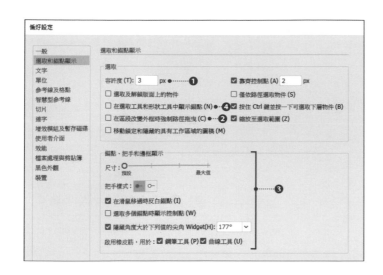

## 「選取和錨點顯示」分類

**・「容許度」**
當滑鼠指標移入所設定的容許範圍內，便可選取錨點或路徑物件❶。

**・「在區段改變外框時強制路徑拖曳」**
若勾選此項，那麼當你用「直接選取」工具拖曳變形路徑的線段時，控制把手的角度會固定❷。

**・「錨點、把手和邊框顯示」**
可變更錨點和控制點等的顯示方式❸。

**・「在選取工具和形狀工具中顯示錨點」**
在預設狀態下，用「選取」工具選取路徑物件時，不會顯示出錨點。但若勾選此項，就會顯示出錨點❹。

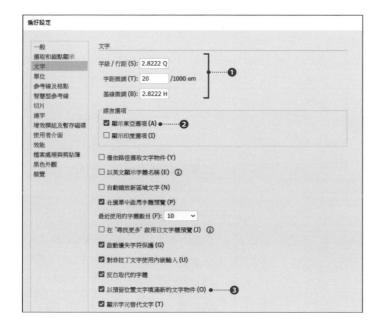

## 「文字」分類

**・「字級／行距」、「字距微調」、「基線微調」**
分別設定以鍵盤按鍵調整文字的行距或字距微調等項目時，每按一次可變更的距離❶。

**・「顯示東亞選項」**
勾選此項，「字元」面板便會顯示出「比例間距」、「插入空格」等項目❷。（➡詳見 p.180）

**・「以預留位置文字填滿新的文字物件」**
若取消此項，則在建立文字物件時，就不會自動填入範例文字❸。

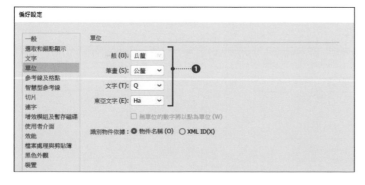

## 「單位」分類

設定 Illustrator 所繪製的路徑物件的尺寸、座標值、移動、變形、文字大小等各式各樣的單位❶。
（➡詳見 p.56「繪製尺寸精準的圖形」）

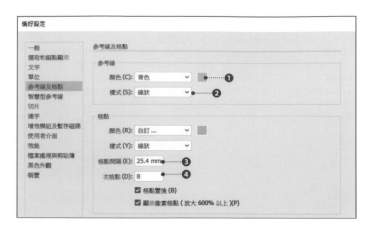

## 「參考線及格點」分類

設定參考線及格點的顏色、樣式,還有格點的間隔等。
(➡詳見 p.40「充分運用尺標與參考線、格點」)

- 「顏色」項目可變更參考線或格點的顏色❶。
  「樣式」項目可設定「線狀」或「點狀」❷。
- 「格點間隔」項目可設定以較粗線條顯示的格點間隔❸。
- 「次格點」項目可設定在以較粗線條顯示的格點內要再分割成幾格❹。

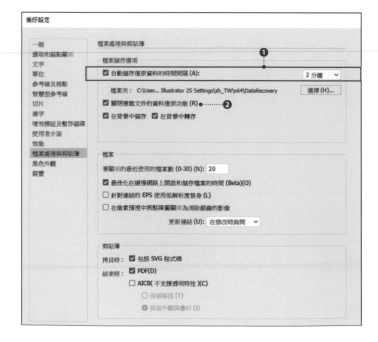

## 「智慧型參考線」分類

設定智慧型參考線的顏色及參考線的種類、角度、靠齊距離等。

## 「檔案處理與剪貼簿」分類

### ・自動儲存復原資料

可避免因 Illustrator 當掉而導致檔案毀損的自動儲存功能。勾選「自動儲存復原資料的時間間隔」項目,Illustrator 就會依據所設定的時間間隔自動存檔❶。

### ・關閉復原功能

資料量多的大型檔案或內容複雜的文件儲存時較花時間,若於背景進行自動儲存處理,便可能拖慢操作速度,甚至導致操作短暫中斷。
因此請依據狀況適度切換「關閉複雜文件的資料復原功能」項目的啟用/關閉❷。

# 將 Illustrator 恢復為預設設定

在以下這些情況下，一般建議依需要重新建立偏好設定資料夾，好將Illustrator恢復為預設設定。

⊙ **接手別人所使用的操作環境時**

⊙ **經過長時間使用，設定過各種項目以至於 Illustrator 的偏好設定變得很煩雜時**

⊙ **Illustrator 的運作不順暢、出現問題時（可能是因為偏好設定檔損壞）**

## 將 Illustrator 恢復為預設

**01** 首先要搬移偏好設定資料夾。請關閉 Illustrator，然後將位於以下位置的資料夾（偏好設定資料夾）移到桌面或暫時移往他處（若沒看到該資料夾，請執行本頁下半部所列出的步驟）。

**02** 啟動 Illustrator。一旦啟動，各項設定就會恢復為預設值。Illustrator 會重新建立偏好設定資料夾，而資料夾內的各種偏好設定檔案就會是預設狀態。

若以剛剛暫時移走的資料夾取代重新建立的資料夾，則所有設定就會恢復為先前的狀態。

● **偏好設定資料夾的名稱**

| CC2021 | Adobe Illustrator 25 Settings |
|---|---|
| CC2018 | Adobe Illustrator 22 Settings |
| CC2017 | Adobe Illustrator 21 Settings |
| CC2015.3 | Adobe Illustrator 20 Settings |
| CC2015 | Adobe Illustrator 19 Settings |

偏好設定資料夾位於如下的位置。而依 Illustrator 的版本不同，其偏好設定資料夾的名稱也各異。

【Win】C:\Users\< 使用者名稱 >\AppData\Roaming\Adobe\
【Mac】Macintosh HD/Users/< 使用者名稱 >/Library/Preferences/

## 將隱藏的資料夾顯示出來的方法（Windows）

Windows 預設會隱藏部分檔案與資料夾，若要讓它們都顯示出來，就開啟任一資料夾，然後在檔案總管中執行「檢視＞選項＞變更資料夾和搜尋選項」命令。

這時會彈出「資料夾選項」對話視窗，請點選「檢視」索引標籤，在「進階設定」區點選「顯示隱藏的檔案、資料夾及磁碟機」項目後，按「套用」鈕❶。

## 將資源庫資料夾顯示出來的方法（Mac）

Mac OS 預設不顯示使用者的資源庫（Library）資料夾。若要讓該資料夾顯示出來，請按住 option 鍵，並於 Finder 的選單執行「前往＞資源庫」命令❷。

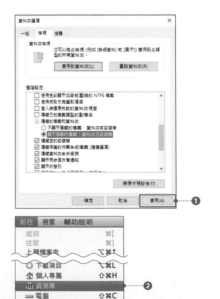

Lesson **11-9** 變更文件的色彩模式

使用 Illustrator 時，你必須依據作品的用途來選擇文件的色彩模式。請先確認文件目前的色彩模式，然後再依需要予以變更。

### 變更文件的色彩模式

在此示範將文件的色彩模式從「CMYK 色彩」變更為「RGB 色彩」。

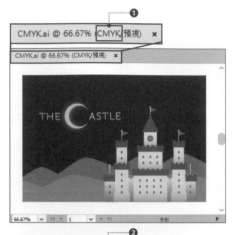

**01** 首先要確認目前所開啟文件的色彩模式。色彩模式會顯示在文件視窗的檔名右側 ❶。

**02** 執行「檔案 > 文件色彩模式 > RGB 色彩」命令。這樣就能把文件的色彩模式變更為「RGB 色彩」❷。

一旦變更色彩模式，物件的顏色及登錄於「色票」面板的色票顏色等，文件內所有的顏色都會被轉換。

● 色彩模式

| 種類 | 說明 |
|------|------|
| RGB 色彩 | 以光的三原色 R（紅）、G（綠）、B（藍）這 3 種顏色搭配組合來表現顏色的方法。為混合各色光線以呈現顏色的「加法混色」。當 3 種顏色全部加在一起，就是白色。由於螢幕就是以這種方式重現色彩，故一般製作網頁圖像時，都會選用 RGB 色彩模式。 |
| CMYK 色彩 | 搭配組合 C（青色）、M（洋紅）、Y（黃色）、K（黑色）這 4 種顏色以表現顏色的方法。稱為「減法混色」。理論上以 CMY 三色就能表現各種顏色，但為了實際上能印出漂亮的黑色，又再多加了一個 K。當所有顏色全部加在一起，就是黑色。一般來說，製作印刷品時都會選用 CMYK 色彩模式。 |

> **Memo**
> 由於 RGB 和 CMYK 所能表現的色域（顏色範圍）不同，因此一旦變換色彩模式，物件的顏色就有可能改變。而且即使再換回原本的色彩模式，也無法恢復為原本色彩，這點請務必注意。
> 另外還需注意，若有替物件設定「漸變模式」以便與背景物件及色彩合成的話，一旦變更文件的色彩模式，也可能造成外觀大幅改變。
> 在這種情況下，你必須小心地以目視方式確認圖稿，依需要執行「透明度平面化」處理（➡ p.118），或是以「點陣化」處理轉成影像（➡ p.176）後，再轉換色彩模式。

# 11-10 色彩設定與色彩管理

所謂的色彩管理，就是在螢幕及數位相機、掃描器、印表機等色彩表現特性不同的各種機器之間設定基準值，以便統一、管理色彩的一種機制。

## Illustrator 的色彩設定

在預設狀態下，**Adobe Creative Cloud** 的各個應用程式的色彩設定是同步的。若想自訂 Illustrator 的色彩設定，請執行「編輯＞色彩設定」命令，在「色彩設定」對話視窗中做設定。

> **Memo**
>
> 在用途未定的情況下，一般建議於「設定」選單選擇預設集❶。運用範圍較廣者可選用「日本一般目的 2」、「日式印前作業 2」等預設集。而將滑鼠指標移至各選單、項目上時，對話視窗下方就會顯示出對應的說明文字❷。雖說在此可進行相當詳細的設定，但除非你很精通且充分理解色彩管理，很確定知道自己在做什麼，否則一般不建議自行設定細節。

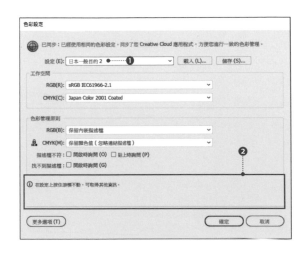

## 以 Adobe Bridge 統一色彩設定

若想統一 **Adobe Creative Cloud** 各個應用程式已變更過的「色彩設定」，就要使用「**Adobe Bridge**」。啟動 AdobeBridge，從 Adobe Bridge 的選單執行「編輯＞顏色設定」命令，叫出「顏色設定」對話視窗，然後選擇要用的色彩預設集即可❸。

## 為各個檔案指定色彩描述檔

想要替各個檔案分別指定色彩描述檔時，就執行「編輯＞指定描述檔」命令，叫出「指定描述檔」對話視窗。選擇「描述檔」項目，你便可為目前所開啟的檔案指定色彩描述檔❹。另外也可選擇不指定描述檔，也就是設定成不對文件做色彩管理的狀態❺。

> **Memo**
>
> 並不是做了色彩設定，就一定能夠漂亮地重現、統一色彩。實際的顏色還會受到機器特性及個別差異、經年累月的耗損等影響，因此螢幕和印表機等機器是否能忠實呈現「Adobe RGB」或「sRGB」、「CMYK」等色彩模式，還有這些機器是否經過妥善的設定、管理等，都很重要。

## Lesson 11-11 活用快速鍵

熟悉了 Illustrator 的操作後，建議你可進一步學習活用快速鍵。只要妥善運用快速鍵，便能非常有效率地進行作業。

### 標記了快速鍵的地方

在 Illustrator 中，選單命令及工具列上的工具名稱右側，都標記了對應的快速鍵❶❷。雖然有些命令和工具沒有對應的快速鍵，但常用的多半都有，故請依需要逐一記住。

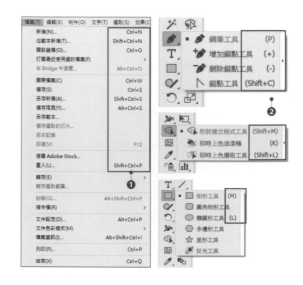

### 查看與指定快速鍵

你可在「鍵盤快捷鍵」對話視窗查看目前指定給各功能的快速鍵。你也可在此對話視窗中自訂快速鍵，建立專屬於你的快速鍵設定。

**01** 執行「編輯 > 鍵盤快捷鍵」命令，叫出「鍵盤快捷鍵」對話視窗，然後按右上角的「儲存」鈕❸。

**02** 在彈出的「儲存鍵盤設定檔案」對話視窗輸入任意名稱❹，再按「確定」鈕❺。

Memo
若點按「轉存文字」鈕❻，便能取得列出了所有快速鍵的純文字檔。

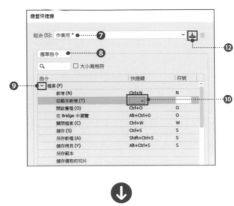

03 這時「組合」選單便會被設為剛剛儲存的快速鍵組合❼。接著讓我們為「檔案＞從範本新增」命令指定快速鍵。將左上方的選單選為「選單指令」❽，再點按「檔案」選單左側的向右箭頭鈕以展開其內容❾。

04 點選「從範本新增」項目，則該項目的右側就會出現輸入欄位❿。
點一下該輸入欄位後，按下你想指定的鍵盤按鍵，該按鍵便會顯示於輸入欄位中⓫。

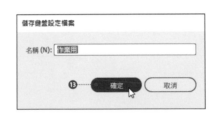

05 為了登錄這個新指定的快速鍵，請再次按下「儲存」鈕⓬。

06 在這次彈出的對話視窗中，「名稱」欄位已有組合名稱存在。若要覆寫該組合，就直接按「確定」鈕⓭，並於緊接著彈出的確認訊息中按「是」鈕⓮。這樣就完成了自訂快速鍵的登錄。
完成儲存後，Illustrator 就會使用「組合」選單所指定的快速鍵組合⓯。
若想恢復原始的快速鍵設定，就在「組合」選單選擇「Illustrator 預設值」即可。

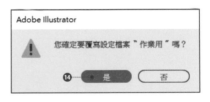

**實用的延伸知識！** ▶ **快速鍵的衝突**

若你所指定的快速鍵已被指定給其他功能，那麼對話視窗下方就會出現如右圖的警告資訊❶。這時你可選擇要把該快速鍵指定給新功能，或是保留給原本的功能。若是決定要指定給新功能，那麼還可以為原本的功能另外指定別的快速鍵❷。

## ● 主要快速鍵一覽表

| 功能 | MacOSX | Windows |
|---|---|---|
| 偏好設定 | ⌘ + K | Ctrl + K |
| 結束 Illustrator | ⌘ + Q | Ctrl + Q |
| 新增文件 | ⌘ + N | Ctrl + N |
| 從範本新增 | ⌘ + shift + N | Ctrl + shift + N |
| 開啟舊檔 | ⌘ + O | Ctrl + O |
| 關閉檔案 | ⌘ + W | Ctrl + W |
| 儲存 | ⌘ + S | Ctrl + S |
| 另存新檔 | ⌘ + shift + S | Ctrl + shift + S |
| 儲存拷貝 | ⌘ + option + S | Ctrl + Alt + S |
| 置入 | ⌘ + shift + P | Ctrl + shift + P |
| 文件設定 | ⌘ + option + P | Ctrl + Alt + P |
| 列印 | ⌘ + P | Ctrl + P |
| 還原前一操作 | ⌘ + Z | Ctrl + Z |
| 重做前一操作 | ⌘ + shift + Z | Ctrl + shift + Z |
| 剪下 | ⌘ + X | Ctrl + X |
| 拷貝 | ⌘ + C | Ctrl + C |
| 貼上 | ⌘ + V | Ctrl + V |
| 貼至上層 | ⌘ + F | Ctrl + F |
| 貼至下層 | ⌘ + B | Ctrl + B |
| 就地貼上 | ⌘ + shift + V | Ctrl + shift + V |
| 在所有工作區域上貼上 | ⌘ + option + shift + V | Ctrl + Alt + shift + V |
| 再次變形 | ⌘ + D | Ctrl + D |
| 置前 | ⌘ + ] | Ctrl + ] |
| 移至最前 | ⌘ + shift + ] | Ctrl + shift + ] |
| 置後 | ⌘ + [ | Ctrl + [ |
| 移至最後 | ⌘ + shift + [ | Ctrl + shift + [ |
| 組成群組 | ⌘ + G | Ctrl + G |
| 解散群組 | ⌘ + shift + G | Ctrl + shift + G |
| 鎖定選取範圍 | ⌘ + 2 | Ctrl + 2 |
| 全部解除鎖定 | ⌘ + option + 2 | Ctrl + Alt + 2 |
| 隱藏選取範圍 | ⌘ + 3 | Ctrl + 3 |
| 顯示全部物件 | ⌘ + option + 3 | Ctrl + Alt + 3 |
| 製作剪裁遮色片 | ⌘ + 7 | Ctrl + 7 |
| 釋放剪裁遮色片 | ⌘ + option + 7 | Ctrl + Alt + 7 |
| 文字外框化 | ⌘ + shift + O | Ctrl + shift + O |
| 控制字元的顯示／隱藏 | ⌘ + option + I | Ctrl + Alt + I |
| 選取全部 | ⌘ + A | Ctrl + A |
| 預視顯示／外框顯示 | ⌘ + Y | Ctrl + Y |
| 放大顯示 | ⌘ + + | Ctrl + + |
| 縮小顯示 | ⌘ + − | Ctrl + − |
| 使工作區域符合視窗 | ⌘ + 0 | Ctrl + 0 |
| 全部符合視窗 | ⌘ + option + 0 | Ctrl + Alt + 0 |
| 顯示為實際尺寸 | ⌘ + 1 | Ctrl + 1 |
| 顯示／隱藏尺標 | ⌘ + R | Ctrl + R |
| 顯示／隱藏參考線 | ⌘ + : | Ctrl + : |
| 智慧型參考線的啟用與否 | ⌘ + U | Ctrl + U |

# 使用封裝功能來收集檔案

所謂的封裝功能，就是將文件檔與文件內所使用的字體、以連結方式置入的影像檔等，全都收集、整合至單一資料夾（以複製的方式處理，會保留原始檔案）的功能。

## 封裝功能的運用

需要將文件檔和配置影像等資料交付給他人時，或是以連結方式置入的影像分散在許多不同的資料夾時，此功能便可充分發揮效果。

> **Memo**
> 封裝功能雖然便利，但由於會複製文件檔和連結的影像檔，故會使得同樣的檔案在電腦裡存在有兩份。
> 若不進行適當的檔案管理，便可能導致修改沒反映在文件上等問題，這部分請務必小心。請一定要妥當地管理檔案才行。

01 開啟文件後，執行「檔案 > 封裝」命令，叫出「封裝」對話視窗❶。

02 指定要將所收集檔案的儲存資料夾建立在哪個位置❷，並指定資料夾（檔案夾）的名稱❸。而資料夾的名稱預設是使用文件名稱。

接著依需要設定各種選項後❹，按「封裝」鈕❺。

03 一旦封裝建立成功，便會彈出通知訊息❻。

按下「顯示封裝」鈕，即可開啟所建立的封裝資料夾以確認內容❼。

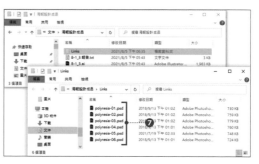

● 「封裝」對話視窗的設定選項說明

| 設定選項 | 說明 |
|---|---|
| 拷貝連結 | 將連結的檔案複製到封裝資料夾中 |
| 收集個別檔案夾中的連結 | 勾選此項，Illustrator 就會在封裝資料夾內建立名為「Links」的資料夾，並把複製的連結檔案收納於其中。 |
| 將已連結檔案重新連結至文件 | 勾選此項，Illustrator 就會將文件中的連結，重新連結至收納於封裝資料夾內的連結檔案。而取消此項，文件中的連結則會維持原樣，依舊連結至原本的連結檔案。 |
| 複製字體<br>（除了 Adobe Fonts 和非 Adobe CJK字體） | 勾選此項，封裝時就會彈出與字體的授權有關的警告訊息（若有看到此訊息，請務必詳讀）。Illustrator 會建立名為「Font」的資料夾，並將文件內所使用的中日韓與 Adobe Fonts 以外的字體複製至其中。 |
| 建立報告 | Illustrator 會將文件的色彩模式、色彩描述檔、字體、連結影像、內嵌影像等資訊，輸出成名為「< 檔名 > 報告 .txt」的純文字檔。 |

# 活用線上說明

要完整記下、徹底精通 Illustrator 所有功能的用法幾乎是不可能的事，而且也沒必要。你只須了解其基本結構，至於各功能的具體用法細節，就在有需要時查閱書籍或上網尋找相關資訊即可。

在這方面，開發 Illustrator 的 Adobe 公司也提供了可方便使用者查詢各功能用法及特性的線上說明。

**01** 想閱讀 Illustrator 的線上說明時，可執行「說明 > Illustrator 說明」命令❶，這時你電腦中的網頁瀏覽器就會啟動，並連上 Adobe 官網，顯示出 Illustrator 的線上說明。

**02** 線上說明提供各式各樣的連結選單，若有找到符合需求的項目，就直接點按連結以查看❷。

若是要查詢特定功能的用法，則可於搜尋欄位輸入關鍵字以搜尋❸。

另外還可至社群論壇發問，與同好進行討論❹。

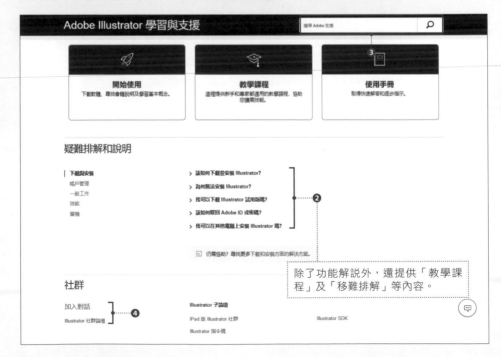

除了功能解說外，還提供「教學課程」及「移難排解」等內容。

# Illustrator 超完美入門(暢銷第二版)
# (CC 適用)

作　　者：高野雅弘
譯　　者：陳亦苓
企劃編輯：王建賀
文字編輯：江雅鈴
設計裝幀：張寶莉
發 行 人：廖文良

發 行 所：碁峰資訊股份有限公司
地　　址：台北市南港區三重路 66 號 7 樓之 6
電　　話：(02)2788-2408
傳　　真：(02)8192-4433
網　　站：www.gotop.com.tw
書　　號：ACU083200
版　　次：2021 年 11 月二版
　　　　　2023 年 04 月二版四刷
建議售價：NT$480

國家圖書館出版品預行編目資料

Illustrator 超完美入門(CC 適用) / 高野雅弘原著；陳亦苓譯. --
　　二版. -- 臺北市：碁峰資訊, 2021.11
　　　面；　公分
　　譯自：Illustrator しっかり入門
　　ISBN 978-986-502-987-6(平裝)
　　1.Illustrator(電腦程式)
312.49I38　　　　　　　　　　　　　　　110016924

## 讀者服務

- 感謝您購買碁峰圖書，如果您對本書的內容或表達上有不清楚的地方或其他建議，請至碁峰網站：「聯絡我們」\「圖書問題」留下您所購買之書籍及問題。（請註明購買書籍之書號及書名，以及問題頁數，以便能儘快為您處理）
  http://www.gotop.com.tw

- 售後服務僅限書籍本身內容，若是軟、硬體問題，請您直接與軟體廠商聯絡。

- 若於購買書籍後發現有破損、缺頁、裝訂錯誤之問題，請直接將書寄回更換，並註明您的姓名、連絡電話及地址，將有專人與您連絡補寄商品。